모빌리티 혁명과
자동차산업

GoldenBell
www.gbbook.co.kr

머리말

　지금 글로벌 자동차산업은 디지털 혁명과 모빌리티 혁명의 시대를 맞이하여, 기업의 생존이 위협받을 만큼 큰 변화에 직면하고 있다. 이러한 변화에 대한 이해도를 높이기 위하여 위해, 거시적인 산업환경을 분석하고, 자동차와 관련 업무의 본질적인 이해를 통하여, 선제적으로 미래의 변화에 대응해야 할 것이다.

　이 책은 자동차와 자동차산업은 물론 모빌리티 혁명의 기본 이해와 본질에서 더 나아가 다양한 변화 이슈까지 체계적으로 정리하였다. 먼저 1편 '자동차의 개념과 역사'에서는 자동차의 본질적인 개념과 변화를 이해하고, 이것을 통해 사회, 문화, 역사의 여러 인문학적 관점에 대한 이해에 초점을 맞추었다. 2편 '자동차산업'에서는 부품산업을 포함하여 산업의 특성을 깊이 있게 분석하고, 완성차업체와 자동차부품 기업의 혁신에 필요한 전략과 핵심 업무를 이해하고, 산업의 경쟁구도와 수급변화를 알기 쉽게 하였다. 3편 '자동차 기업'에서는 완성차 기업의 면면을 소개하였고, 현대차그룹에 대하여는 좀 더 분석하였다. 4편은 '모빌리티 혁신'으로 CASE(양방향 연결성, 자율주행, 차량공유와 서비스, 전기자동차)시대의 어렵고 복잡한 변화 내용을 이해하기 쉽게 정리하였다. 5편 '기술과 신차개발'은 핵심기술의 동향과 신차개발 과정을 이해하도록 하였고, 6편 '생산과 마케팅'에서 현장에 필요한 직무와 이슈를 많이 다루었다.

이 책은 고등학교나 대학에서 자동차를 전공하는 학생에게는 자동차산업의 이해를 통해 학업과 취업에 도움이 되는 가이드가 될 것이고, 자동차산업에 입문하려는 취업 희망자에게는 시험과 면접에서 자신감과 비전을 갖게 할 것이며, 완성차업체와 자동차부품업체의 간부 직원에게는 방대한 직무 영역의 이해와 협업에 필요한 지식과 창의력을 북돋우는 교재가 될 것이다. 또한 자동차산업에 관심을 가진 많은 현대 지식인에게 자동차와 모빌리티를 좀 더 알기 쉽게 이해하고, 새로운 비즈니스의 기회를 열어 가는데 도움이 될 것이다.

필자는 오랫동안 자동차산업 일선에서 다양한 업무를 경험하였고, 대학교 겸임교수와 경영컨설턴트로 일하며 얻은 지식을 바탕으로, 자동차 편람 등 여러 권의 저서와 논문을 발간하며, 자동차산업을 보다 많은 사람에게 이해시키고, 산업발전에 작은 도움이 되도록 애를 써왔다. 특히 대한민국 자동차산업과 현대차그룹의 놀라운 성과를 수십 년 지켜본 필자로서는 앞으로 펼쳐질 변화와 모빌리티 혁명에서, 현대차그룹과 협력업체가 다시 한번 글로벌 경쟁력을 확보하여 초일류기업으로 거듭날 것을 기대하며 응원한다.

안 병 하 (安秉夏)

목 차

1편 **자동차의 개념과 역사**

1. 자동차의 정의와 분류 ----------------------------- 10
2. 자동차의 개념과 본질----------------------------- 17
3. 자동차와 사회----------------------------------- 24
4. 자동차 문화------------------------------------- 27
5. 자동차의 발달사--------------------------------- 33

2편 **자동차산업**

1. 자동차산업의 본질과 특성----------------------- 46
2. 자동차 관련 산업------------------------------- 58
3. 자동차부품의 분류와 규모----------------------- 63
4. 자동차부품산업의 특성------------------------- 66
5. 자동차산업의 경영 특성------------------------- 75
6. 세계 자동차산업의 역사------------------------- 88
7. 세계 자동차산업의 수급 변화 ------------------- 93
8. 세계 자동차시장의 경쟁 구도 ------------------- 99
9. 국내 자동차산업의 발전 역사------------------- 105
10. 국내 자동차의 수급 변화----------------------- 109
11. 국내 자동차부품업체의 변화------------------- 111

3편 글로벌 자동차 기업

1. 도요타자동차 ----------------------------------- 116
2. 폭스바겐(VW)그룹 ------------------------------ 118
3. 제네럴 모터스(GM) ----------------------------- 121
4. 르노-닛산-미쓰비시 연합 ---------------------- 123
5. 스텔란티스 ------------------------------------- 125
6. 포드자동차 ------------------------------------- 126
7. 혼다자동차 ------------------------------------- 127
8. 다임러그룹 ------------------------------------- 128
9. BMW그룹 --------------------------------------- 129
10. 중국의 자동차기업 ---------------------------- 130
11. 일본의 자동차기업 ---------------------------- 132
12. 테슬라 주식회사 ------------------------------- 133
13. 현대자동차그룹 -------------------------------- 135
14. 한국GM, 르노삼성, 쌍용자동차 ----------------- 146

4편 모빌리티 혁명

1. 모빌리티 혁명이란 ------------------------------ 150
2. 모빌리티 혁명을 구현하는 차량용 반도체 -------- 157
3. 전기자동차 시대의 생존 경쟁 ------------------- 160
4. 전기차 배터리 ---------------------------------- 170
5. 수소 자동차 ------------------------------------ 174
6. 자율주행 자동차 -------------------------------- 177
7. 공유자동차와 모빌리티 서비스 ------------------ 184
8. 커넥티비티 자동차 ------------------------------ 188

5편 자동차 기술과 신차개발

1. 자동차 기술 ---------------------------------- 192
2. 자동차 모델 개발과 플랫폼 --------------------- 193
3. 신차개발과 프로세스 --------------------------- 200
4. 자동차의 성능과 안전 -------------------------- 211

6편 자동차 생산과 마케팅

1. 자동차의 생산 공정 ---------------------------- 220
2. 자동차 생산관리 ------------------------------- 224
3. 자동차 품질 ----------------------------------- 229
4. 자동차 리콜과 제품책임 ------------------------ 235
5. 자동차의 상품 특성과 수요 구조 ---------------- 238
6. 자동차 판매력과 마케팅활동 -------------------- 243
7. 자동차 정비 ----------------------------------- 250

자동차의 개념과 역사

1. 자동차의 정의와 분류
2. 자동차의 개념과 본질
3. 자동차와 사회
4. 자동차 문화
5. 자동차의 발달사

1. 자동차의 정의와 분류

자동차의 정의

자동차 초창기인 1769년 프랑스 포병장교 퀴뇨가 만든 증기자동차가 세상에 나오고, 이어 유사한 차들이 생겨나자 사람들은 이 기계를 'Automation(자동장치)', 'Oleo Locomotive(기름기관차)', 'Motor Rig(모터마차)' 등으로 부르다가, 1876년 프랑스에서 '저절로 움직이는 것'의 뜻인 영어의 'Automobile(자동차)'로 부르기 시작하였다. 자동차를 Motorcar 또는 Car라고도 하는데 이는 라틴어 'carrus' 혹은 'carrum(바퀴 달린 탈것)'에서 나왔고, Vehicle(차량)은 동력으로 주행하는 운반용구로서 트럭과 삼륜차 등 넓은 의미의 탈 것을 의미한다. 이러한 자동차는 인간 구의 다양화와 산업의 고도화로 용도도 다양화되고 복합해지면서 종류도 새로워지고 모양도 구분이 모호해지고 있다.

▼ 자동차의 용도와 종류

용 도	자 동 차 종 류
사람 이동	승용차, RV(SUV/CUV/CDV/MAV/미니밴/MPV), 버스
화물 이동	트럭, 픽업, 특수화물차
작업	특수작업차 (믹서, 덤프, 소방차, 견인차 등) 건설용 차 (포크리프트, 불도저, 그레이더 등)
레저	캠핑카, 캠핑 트레일러, 골프 카
전투	전차, 장갑차, 병기운반차, 통신지휘차
스포츠	레이스 카, 랠리 카

자동차의 분류

자동차의 분류는 용도, 형상, 구조, 크기, 동력 등에 따라 교통, 운전, 차량 관리, 안전기준, 인증, 환경규제, 운송사업, 과세표준, 산업정책, 통계 등의 목적을 위해 만든 각종 법규나 규격에서 따로 정하고 있다. 한편 우리나라의 자동차관리법에서는 승용차, 승합차, 화물차, 특수차, 이륜차를 유형별 규모별로 구분하고 있으며, 기술적인 목적을 위해 한국공업규격은 국제표준에 따라 기준을 정하고 있다. 세단, 쿠페, 해치백, 리무진, 왜건 등은 마케팅 용도에 따른 분류도 있고, 승용차 크기(전장)를 기준으로 유럽에서는 A(3,500mm 이하 mini cars), B(3,850mm small cars), C(4,300mm medium cars), D(4,700mm large cars), E(4,700mm 초과 executive cars), F(5,000mm 초과 luxury cars)로 나누고 다시 세분화한다. 승용차 이외는 S세그먼트(스포츠카, 슈퍼카, 컨버터블, 로드스터), M세그먼트(다목적 미니밴), J세그먼트(오프로드 차량 포함 SUV)로 나눈다.

세단 (Sedan) ▶
문이 4개인 일반적인 자동차

쿠페 (Coupe) ▶
문이 2개이고 천장이 낮음

왜건 (Wagon) ▶
천장이 트렁크까지 수평구조임

SUV (Sport Utility Vehicle) ▶
세단 대비 전고와 지상고가 높음

컨버터블 (Convertible) ▶
천장의 개폐가 가능함

해치백 (Hatch-back) ▶
트렁크와 뒷 유리가 함께 열림

리무진(Limousine) ▶
앞 열 대비 뒷 열의 공간이 넓음

밴(VAN) ▶
뒷 열의 적재공간이 넓음

픽업트럭 (Pick-up Truck) ▶
지붕이 없는 적재함이 있음

▲ **형태별 자동차 분류**(자료 inforgraphics search)

현재 세계적으로 대량생산되는 승용차는 약 1천2백여 종이 있고, 앞으로 차종이 다양화되고 모델이 세분화되면서 '틈새 차'가 쏟아져 나와, 그 종류는 더욱 늘어나고 구분도 모호해질 것이다.

스포츠카의 개념과 분류

스포츠카가 대중화된 것은 1950년대 서구의 다양한 고객층 사이에서 스피드를 열망하는 마니아가 생기면서 나타났다. 처음에는 자동차 경주를 위한 레이싱카를 의미하였으나, 승용차의 실용성과 경제성이 가미되어 새로운 스포츠카 개념이 등장했다. 사전적 의미로는 '2인승 또는 4인승 차로 빠른 반응과 손쉬운 방향 조정 그리고 고속주행을 위해 설계된 차'를 말하나, 오늘날 스포츠카는 '뛰어난 스피드, 자극적인 스타일링, 그리고 유연한 핸들링'의 3요소를 갖춘 차를 말한다. 이러한 스포츠카를 유형으로 나누면 강력한 성능, 희소성, 초고가의 슈퍼카(페라리, 람보르기니, 맥라렌, 부가티 등), 세단의 안락성과 기동성을 겸비한 고급 스포츠카(포르쉐 등), 2도어 오픈카 로드스터, 양산 메이커의 스포츠 쿠페와 스포츠 세단 등이 있다. 유럽식 스포츠카와 극명하게 대비되는 미국식의 고성능 자동차로 아메리칸 머슬카도 있다. 한편 오픈카는 지붕이 없는 차로 미국은 컨버터블, 또는 로드스터라고 부르고, 영국은 투어러, 프랑스는 Cabriolet, 독일은 Cabrio, 이탈리아는 Spyder로 부른다.

◀ 포르쉐 911은 2020년 세계 판매량이 27만2162대로 포르쉐의 베스트셀러이다.

플래그십 카

 플래그십(Flagship)이란 바다에서 선단이나 함정단을 이끄는 모함 또는 기함으로서 선단을 대표하는 가장 크고 뛰어난 기동력을 가진 배를 말한다. 마찬가지로 자동차 메이커도 소형차에서 대형 고급차까지 풀 라인업을 갖추어 세계시장에서 경쟁하는데, 이때 각 메이커의 제품라인을 대표하는 대형 고급차 또는 생산 차급별 대표 모델을 '플래그십 카'라고 한다. 대표적인 모델로 메르세데스 벤츠 S클래스, BMW 7시리즈, 아우디 A8, 렉서스 LS, 제네시스 G90을 들 수 있다. 유사한 개념으로 최상급 모델로서 유럽의 F2 세그먼트(Ultra Luxury Class)의 하이엔드 카로서 메르세데스-마이바흐 S600 풀만 가드, BMW의 롤스로이스 팬텀, VW 그룹의 벤트리를 꼽고 있다.

미니카

 미니카는 경차 또는 국민차라고 부른다. 이를 유럽은 미니카, 마이크로 카, 리터 카로 부르며 A세그먼트로 유럽의 국민성과 자동차 문화 속에 자연스럽게 대중차로 자리 잡았다. 시내의 좁은 도로에서 주행하기 좋고, 단거리 업무나 쇼핑에 적합하여 '시티 카', '세컨드 카', '퍼스널 카'로 자동차생활의 한 영역으로 자리 잡고 있다. 일본의 경차는 660cc미만(배기량기준)으로 50여개 모델에 연간 2백만 대의 수요가 있고 보유대수도 3,081만대(약 39.3%)로 경차 대국이다. 반면 우리나라 경차는 1,000cc 미만으로, 4개 모델에 수요도 연간 10만대 수준이다.

SUV, CUV, MPV, 밴, 지프

SUV(Sports Utility Vehicle)는 처음 나올 때 구매자 자신의 라이프스타일을 중시하는 신세대의 자유로운 생활에 어울린다하여 'X-Generation 라이프스타일 카'로 불렀다. SUV는 자신의 취향에 맞는 치장과 오프로드 주행에 맞는 4륜구동과 높은 지상고가 많았으나 오늘날에는 도심 운행도 즐기는 2륜구동의 모노코크 차가 정통 승용차의 수요를 뛰어넘어, 세계 SUV의 수요 비중은 2021년 전체 차급의 42%를 차지하는 대세가 되었다.

CUV(Crossover Utility Vehicle)는 '고유영역을 넘나드는 차'로 여러 차의 성격을 한꺼번에 섞어놓은 '복합 기능차'라고 볼 수 있다. 이를 퓨전 카 또는 고유 영역을 파괴한다고 하여 '카테고리 버스터'라고도 불린다. 또한 세단의 플랫폼에 밴 형을 결합한 CDV(Car Derived Van)도 있고, SUV 베이스에 고급 장비와 고성능 엔진이 결합한 SAV(Sports Activity Vehicle)도 있다.

MPV(Multi Purpose Vehicle)의 차종개념이나 구분도 명확하게 설정되어 있는 것은 아니다. 다만 화물수송의 밴과 승용차의 요소를 가미한 미니밴 또는 콤팩트 밴으로 차체가 세미 보닛형의 모노코크 차체 구조로 많은 승객을 실을 수 있어 'People Carrier' 또는 '패밀리카'라고도 부른다. 미국은 자녀가 있는 가족용 세컨드 카로 주요 운전자가 여성인 경우가 많아 'Mom's Car'라고도 부른다. 현대차의 '스타리아'(사진)가 MPV이다.

 지프(Jeep)는 대표적인 군용의 전술 지휘 차량으로 오늘날 SUV의 효시가 된다. 원래 미 육군 공식장비 리스트에 서는 '1/4톤 4×4 트럭'이었으며 지금은 크라이슬러사의 고유 브랜드이다. 지프 는 미군이 2차대전시 기동성 있는 차량을 개발하고자 입찰공고를 내면서 탄생시킨 차다. 처음 밴텀사가 개발하고, 나중에 윌리스 오버 랜드사에 의해 생산되어 1941년부터 1945년까지 60여만 대가 생산 되었다.

픽업(Pickup)트럭

픽업트럭은 100년 넘는 전통을 자랑하는 가장 미국적인 세그먼트 라고 할 수 있다. 최초의 픽업트럭은 포드 모델 T의 뒷좌석을 걷어 내고 그곳에 적재함을 올린 개조 차량이 미국에서 최초의 픽업트럭 으로 불린다. 픽업트럭은 '승용차와 상용차의 중간'으로 적당한 크 기와 적재량, 우수한 견인능력, 탁월한 범용성을 지닌다. 포드의 경우 매출의 절반이 F-시리즈 픽업트럭에서 나온다고 한다. 44년 간 판매 1위 자리를 꾸준히 지켜온 모델은 포드 F-150이다. '풀-사 이즈 픽업트럭의 대표', '미국 중산층의 자동차', '세상에서 가장 많이 팔린 픽업트럭'의 타이틀을 가지고 있다.

▌콘셉트 카

콘셉트 카는 미래의 자동차 모습을 미리 그려보는 디자이너의 창조물이자, 메이커의 이상과 비전을 담은 차로서, 소비자의 관심도를 살피는 모터쇼에서 자주 보게 된다. 선행 차 또는 실험 차라고도 하고, 미래지향적 요소가 많아 'Future Car' 또는 '꿈의 차'라는 별명도 있다. 반면에 특별한 콘셉트 없이 스타일만 멋있게 꾸미는 '쇼 카'와는 다르다.

▶ 2019 프랑크푸르트 모터쇼에 등장한 현대차 콘셉트카 '45'로 2021년 출시된 준중형 CUV '아이오닉 5'로 탄생되었다.

2. 자동차의 개념과 본질

▌자동차는 인간의 이동 도구로 원초적 이동 본능을 만족

자동차는 인간과 물자를 편하고 빠르게 이동(Mobile)하는 도구로서 인간의 원초적 본능인 달리고 싶은 욕망을 만족시키고, 더 나아가 오늘날 현대인의 삶을 자유롭고 풍요롭게 만든 '신이 인간에게 내린 축복의 선물'이다. 본래 인간은 걷고 뛰는 원초적 이동본능을 가지고 있다. 사람의 신체로는 1시간에 4km밖에 걸을 수 없어, 옛날에는 하루 이동 거리가 40km 정도에 머물렀다. 그러나 오늘날에는 자동차로 하루에 1천km를 움직일 수 있어, 인간의 행동반경은 획기적으로 넓어졌다. 이러한 인간 자신의 확장을 추구하려는 이동 본능은 도시의 구조를 광역화하고 교외로 넓히며, 현대인의 생활을 기동성 중심사회로 변화시켰다. 자동차가 출현하기 전까지 도시와 마을의 형성은 인간의 행동반경과 도보 속도에 맞추어졌으나, 오늘날에는 자동차 속도를 기준으로 이루어져, 도시 자체의 규모가 커지고 고속도로로 도시와 도시를 연결하는 선벨트(Sun Belt)라는 위성도시가 대도시 주변에 생겨났다.

▌자동차는 모든 교통의 중심이며 교통혁명의 주역

인간의 활동이 일어나는 수많은 장소와 장소를 서로 연결하는 서비스가 교통이며, 이러한 교통은 도로, 철도, 선박, 항공으로 이루어진다. 교통이용자는 이 가운데 이동성, 접근성, 편리성, 쾌적성, 안전성, 경제성, 신속성을 모두 고려하여 가장 적합한 교통수단을 선택한다. 이러한 교통수단에 있어 철도는 레일, 항공기는 공항시설, 선박은 항구시설이 각각 있어야 하지만, 자동차는 도로만 있으면 언제나 이용이 자유로워 철도, 선박, 항공기의 양 끝 수송을 맡는 보완수단이면서 '문에서 문(Door to Door)'까지 수송이 가능한 종합운송시스템의 근간을 이룬다. 또한 자동차는 운전조작이 쉽고, 이용이 자유로우며 개인 소유와 대중화가 가능하여, 20세기 교통혁명의 주역이 되었고, 앞으로도 교통 활동의 중심이 될 것이다. 이를 가리켜 역사학자인 A.토인비는 '20세기 문명 가운데 인류가 이룩한 최고의 업적은 교통발달'이라고 지적하였다.

▌자동차는 어른들의 장난감, 운전의 묘미와 안정감

어린이들이 많이 가지고 노는 장난감 중의 하나가 자동차이다. 또한 어른들도 가장 갖고 싶고, 타고 놀면서 여가와 취미생활까지 즐길 수 있는 것이 자동차이다. 그래서 자동차를 '어른들의 값비싼 장난감'이라고도 한다. 그러면 자동차는 어떤 매력이 있기에 사람들은 사고 싶고 타려고 하는가. 그 매력은 자유와 안심, 편익과 비즈니스, 기호와 취미, 개성표현, 소유 욕구 등 수많은 사람들에게 어필할 요소를 많이 가지고 있기 때문이다.

자동차 운전은 사회적으로 안정감의 욕구를 충족시킨다. 차에 담겨있는 안정감의 상징은 일반적으로 사회에서 얻을 수 있는 안정감보다 더 매력적인 요소를 가지고 있다. 두꺼운 강철 커버로

둘러싸인 차 안에 있으면, 마치 자궁에 들어간 것처럼 보호받고 있다는 느낌을 받으며 안전하다는 행복감을 갖게 된다. 또한, 운전자들은 자신의 차를 자유자재로 운전하며 자신감을 갖는다. 바로 고도로 복잡한 기계 도구를 지배하는 의기양양한 기분을 느끼게 된다. 특히 머리를 흩날리며 신나게 달리는 기분으로 길과 하나가 되는 드라이브의 느낌은 기술적 신비감과 함께 뿌듯한 우월감을 갖게 한다. 또한 자동차를 고속으로 운전하다 보면 스트레스도 해소되고 무력감에서 벗어날 수도 있게 된다.

자동차는 개성을 나타내며, 심리적 자유와 안심감

어떤 자동차를 가지고 있다는 것은 소유자의 신분(Status)을 나타내고, 타는 사람의 개성을 표현하기도 한다. '어떤 자동차를 탄다.'는 것은 '타고 있는 자신의 사람됨'을 표현하는 것이다. 그것은 자기의 지위를 객관적으로 타인에게 나타내는 가장 분명한 수단이다. 자동차를 왜 사냐고 물으면 가장 많은 사람들이 편리하기 때문이라고 대답한다. 아무리 대중교통이 잘 되어 있어도 자가용의 편리성이 차를 가지려는 가장 큰 이유인 것이다. 즉, 언제 어디서나 마음만 먹으면 자유롭게 갈 수 있고, 어떤 비상사태가 생겨도 도피수단으로 자동차가 있다는 것은 소유자에게 심리적 자유와 안심감을 갖게 한다. 또한 자동차라는 작은 공간 내에서 부부, 연인, 가족, 동료끼리 이동하거나 여행을 하면, 자연스럽게 대화의 기회가 많아져 자동차는 '움직이는 거실'이 되기도 한다. 특히 서구사회에서 자동차는 젊은이에게 '독립과 섹스의 상징'이 된다. 청소년이 운전면허를 따서 자기 차를 갖게 되면, 부모로부터 독립된 자기 인생이 시작된다.

자동차는 인류사회를 변화시키는 중심

자동차는 내구소비재로서 대표적인 고가상품이며, 세계 최대 규모의 제조업으로서 모든 산업과 연관 관계의 중심을 이룬다. 이러한 자동차의 본질과 특성은 인류와 국가 사회에 가장 영향을 끼치고 있어 바로 현대 인류문명의 최고 발명품이라고도 한다. 인간의 라이프스타일에서부터 도로와 주차 및 교통안전, 재정과 세제, 환경과 공해, 산업과 무역, 석유 에너지와 자원, 보험과 금융, 모터스포츠, 레저와 캠핑, 여행과 쇼핑행태, 데이트, 외식 등 생활 패턴까지 너무나 많은 면에서 인간의 생활에 변화와 영향을 주고 있는 것이다. 이제는 현대인의 생활 자체가 자동차에 중독되어 인간 생활을 지배하게 된 것이다. 이를 가리켜 '완전 자동차 사회'라고도 부른다. 바로 마약과 같은 자동차 중독이 끊임없이 수요를 창출하여, 자동차 산업을 안정적으로 신장시키는 토대가 된다.

자동차의 본질가치와 상품개념의 변화

자동차는 달리고, 돌고, 서는 3가지가 기본 기능에 쾌적함과 쾌락이 더해지면서 자동차가 제공하는 가치가 이동 가치에서 공간 가치, 감성 가치, 취미오락 가치, 정보미디어 가치로 확대되었다. 자동차는 본래 태어날 때부터 A 지점에서 B 지점까지 힘들지 않게 이동할 수 있는 이동 가치가 중심이 되었다가, 시대가 지나며 가족이나 연인이 쾌적한 시간을 보내는 공간 가치로 변모하였다. 그리고 신분의 상징이나 라이프스타일을 표현하는 도구나 패션의 감성 가치가 더해졌으며, 쾌락을 추구하는 가치까지 생겨나게 되었다. 즉 새로운 모빌리티 혁명이 IT 기술과 융합하여, 이제는 멀티미디어로서 연결성을 중시하는 정보 미디어 가치가 확대되고 있는 것이다.

자동차는 보급시기에 따라 상품의 개념도 달라져 왔다. 자동차가 어느 국가에 처음 도입될 때에는 고가의 사치재로서 신분의 상징이 된다. 이 시기가 지나 대중화 보급이 시작되면 자동차는 생활의 편익을 가져다주는 내구 소비재로서 유행성과 실용성이 강조되고, 대중화가 완성되어 성숙 시장이 되면 자동차는 구매자의 개성과 욕구를 충족시키는 개성화 상품으로 개념이 바뀐다. 한편 생산과 기술의 요구를 반영하는 자동차의 제품 개념도 처음에는 '중공업 기계'이었지만, 전자화가 확대되면서 '전자화 기계'로 바뀌고, 보다 지능화되고 정보화되면서 정보기술과 오락이 융합하는 '인텔리전트 서비스'와 '스마트 모빌리티 기기'로 진화하고 있다.

자동차는 모빌리티 서비스의 중심

자동차의 본질은 이동(Mobility)이고, 이동기관의 중심은 자동차이다. 흔히 인간의 이동을 교통이라고도 하는데, 최근에는 '모빌리티'라는 용어로 대체되고 있다. 스타트업계에서는 사람들의 이동을 편리하게 만드는 각종 서비스를 폭넓게 아우르는 용어로 통한다. 전통적인 교통수단에 IT를 결합해 효율과 편의성을 높인다는 새로운 개념을 담아낸 용어라고 볼 수 있다. 아울러 자율주행차의 상용화와 함께, 자동차를 소유하는 것보다는 공유와 이용 중심의 새로운 '서비스로서의 모빌리티(MaaS, Mobility as a Services)'가 등장하였다. 여기에 최초 출발지에서 최종 목적지까지 중간에 갈아타며, 이동 구간을 연결하는 자전거, 전기자전거, 전동스쿠터, 전동킥보드 등 이른바 퍼스널 모빌리티 또는 마이크로 모빌리티에서부터 하늘을 새로운 이동 통로로 하는 드론과 도심항공 모빌리티(UAM)까지로 확대하는 새로운 모빌리티 개념이 생겨나고 있다.

특히 전기를 동력으로 하는 1인 또는 2인이 이용할 것을 목적으로 하는 개인 형 이동수단(Personal Mobility)은 전기자전거와 전기스쿠터 등으로서, 전기자전거의 세계시장 규모가 2015년 4,000만대에서 2025년 1억 3,000만대에 이를 것으로 전망하고 있다. 향후 가장 주목하고 기대할만한 교통수단이다. 이동목적에 따라 다양한 교통수단을 활용하는 이동수단 선택의 변화 양상에 적합하고, 대중교통수단과 연계하면서 대중교통수단 이용 후 최종목적지까지 이용할 수 있는 '라스트 마일'로 활용할 수 있으며, 소유 관점이 아닌 사용관점의 교통수단 이용에 적합하기 때문이다.

자동차의 미래 콘셉트

오늘날 인류의 편리한 삶은 자동차를 비롯한 각종 기계와 화석연료로 만들어내는 풍부한 에너지를 기반으로 이루어졌다. 하지만 지난 백년간 편리한 만큼 부작용도 뒤따랐다. 자동차로 인한 매연, 교통사고, 혼잡, 기후변화, 에너지 고갈 등 인류에게 닥친 문제를 더 이상 방치할 수 없다. 이제 미래 자동차의 콘셉트는 새로운 패러다임으로 등장할 전기차, 자율주행차, 공유 자동차가 될 것이며 이

것을 모빌리티 혁명이라고 부른다. 즉 미래 자동차는 스마트폰보다 진화되고 '빠른 속도로 움직이는 모바일기기'로 보아야 한다. 배터리, 센서, 디스플레이가 중요부품으로 여겨지며, 컴퓨터처럼 CPU가 있고, 운영체계 OS를 통해 자동차를 통제하고 네트워크에 접속한다. 하드웨어보다 소프트웨어에 의해 자동차의 가치가 결정되는 것이다. 스마트폰을 통해 다양한 가치를 창출해 온 IT업체는 쉽게 받아들여지겠지만 기존 자동차 업계는 매우 낯선 환경이 될 것이다.

3. 자동차와 사회

현대문명과 자동차 대중화시대

노벨 경제학상을 받은 미국의 C.로스토우 교수는 '경제발전의 여러 단계'라는 저서에서 '미국은 자동차를 타고서야 비로소 달리기 시작했다. 바로 대중의 자동차 시대가 열린 것이다. 자동차와 함께 교외에 새로 지은 주택으로 대규모의 이주가 시작되었다. 자동차, 주택, 도로, 가정용 내구재에 대한 대량 소비시장이 1920년대 미국의 경제성장을 이끌었고, 이것은 생활양식까지 바꾸어 놓는 혁명이었다.'고 하면서 세계적 이상으로 자리 잡은 미국의 문명은 바로 자동차 대중화와 함께 열린 것이라고 역설하였다.

현대의 문명 시대를 연 자동차 대중화란 국민소득이 올라 구매력이 커져, 자동차 수요가 폭발적으로 늘어나 1가구 1차 수준으로 보급이 이루어지는 마이카 시대를 말한다. 우리나라는 1985년 1백만 대, 1998년 1천만 대 보유시대를 열었고, 2020년 말 자동차 등록 대수가 2,436만대(이륜차 제외)로, 인구 2.13명당 자동차 1대 보유로 미국(1.1명), 독일(1.6명), 일본(1.7명)보다는 약간 적은 수준이다.

사회 변화와 자동차의 영향

자동차는 인간은 물론 경제, 사회, 산업, 문화 등의 모든 분야에 영향을 미치며 또 이러한 환경의 변화는 다시 자동차에 영향을 준다. 궁극적으로 자동차는 인간 생활을 보다 편리하고 풍요롭게 하기 위한 도구로서 사회적 환경과 규제의 울타리 안에서 인간과 사회 그리고 기술이 서로의 요구를 조화시켜 가면서 공존해야 한다. 자동차는 일반제품과는 달리 사용자와 사회 및 산업으로부터 다양한 요구를 받게 되고 또 이를 만족시킬 때 자동차로서 생명을 계속 유지할 수 있다. 특히 안전성, 환경 보전성, 연료 경제성, 자원이나 에너지 절감에 대한 사회적 요구가 높다. 이러한 사회변화에 따라 자동차는 영향을 받아 변화한다.

▼ 사회 변화가 자동차에 미치는 영향

사회 변화	자동차의 영향과 변화
핵가족화, 노령화	자동차 수요 확대, 편의성 증가
여가 확대	RV 증가(SUV, MAV, 미니밴 등)
글로벌화 확대	자동차 교역 증대, 디자인 동조화
환경과 에너지 중시	친환경 전기차 보급, 내연기관 퇴조
소득수준 향상	자동차 대중화, 프리미엄 브랜드시장 확대
IT, 디지털기술 진전	전장화, 커넥티드 카, 자율주행차 개발
라이프스타일 변화	개성추구 모델, 다양한 옵션 확대
인터넷 확산	유통구조 변화와 소비자 주권 확대
선택기준의 감성화	디자인, 엔진 소리 등의 감성품질 중시

자동차의 비인간화와 사회적 비용

인류학자인 미국의 에드윈 홀 교수는 '자동차는 인간끼리의 접촉을 막고 오직 경쟁적이고 공격적인 요소만을 허용하고 있기 때문에 미국의 문화는 인간끼리의 접촉에 의한 문화라기보다는 길에서 스치는 문화로 전락해 버렸다'고 우려한 바가 있다. 바로 자동차를 타면 가장 먼저 느끼는 것이 자신의 능력이 커졌다는 것이다. 보행자보다 빠르고 쉽게 이동할 수 있다는 우월감으로 보행자는 불쌍하고 초라한 존재로 보이게 된다. 외부인에게 무관심해지며 인간적인 교류가 상실되고 인간끼리의 공감대가 사라진다. 더욱이 검은 선팅으로 바깥에서 안을 들여다 볼 수 없으면 복면의 공포까지 느끼게 된다. 이런 운전자의 우월감과 이기심은 타인에게 위협을 주고, 어린이들의 놀이공간을 빼앗으며 배기가스와 소음을 내뿜어 모두의 몸과 마음을 해치게 한다.

자동차는 일반국민의 후생증대와 개개인에 있어 효용 가치는 대단히 크지만 이를 구입하고 유지하는데 기회비용 개념인 일정한 비용 즉 각종 세금, 통행료, 유류비, 주차료, 정비료 등의 자기 부담 비용이 들어가고 이밖에 제3자 또는 사회 전체가 지불해야 하는 비용이 존재하는데 이를 경제적인 관점에서 볼 때 일반 국민에게 엄청나게 많은 손실을 주기 때문에 이를 외부불경제라고 부른다. 이 손실은 기본적으로 발생 자가 부담하는 것이 원칙이지만 오늘날 대부분 사회에 전가되고 있다. 이것을 갚기 위한 희생 비용이 바로 사회적 비용(Social Cost)이다. 즉 자동차 사고로 인한 생명과 신체의 손상이 가장 크다. 자동차에 의한 대기오염, 소음, 진동의 주거환경 파괴와 건강 손상, 교통 혼잡으로 인한 시간적·경제적 손실, 도로의 건설과 보수 등이 사회가 모두 물어야하는 비용인 것이다. 교통 사고 사망자만도 세계적으로 연간 125만 명에 이른다. 이렇게 자동차의 해악이 커지고 사회적 비용이 증가하면서 자동차를 문명의 이기가 아닌 달리는 흉기로 보고 '반 자동차문화', '자동차 파괴운동' 같은 운동이 나타나고 있다.

자동차산업의 성장과 자동차 대중화는 국민경제와 사회발전에 기여한 긍정적인 측면이 있는 반면에, 자동차가 끼치는 악영향 즉 부정적 측면의 사회적 비용도 무시할 수 없게 되었다. 이렇게 자동차 문명은 환경오염, 교통사고, 교통 혼잡, 에너지원 고갈의 근원적 문제를 안고 가야하는 원죄가 있는 것이다. 이 문제는 디지털 기술이 자동차와 결합하며 새로운 패러다임의 모빌리티 혁명으로 전기차, 자율주행차, 공유 자동차라는 대안으로 해결점을 찾고 있다.

4. 자동차 문화

자동차 문화

공동체를 이루는 인간의 삶에는 문화가 있다. 우리는 흔히 사회적 인간이 역사적으로 만들어낸 모든 물질적, 정신적 소산으로 가치나 신념, 사고방식이나 이론, 철학, 생활양식 등 무형의 측면을 문화라고 하고, 기계나 건축물, 발명품 등 물질적 산물을 문명이라고 한다. 따라서 자동차문화란 자동차를 개발, 생산, 유통, 소유, 사용하는 제반 구성원의 생활양식과 산업 활동에서 나타나는 제도와 법규, 도로교통과 질서, 운행 환경, 산업 인프라 등의 환경 특성, 그리고 자동차 이용자들의 공유된 가치관이나 행동양식 등의 총체적 집합이라고 할 수 있다.

따라서 나라마다 민족문화가 다르듯이 모든 나라의 기후와 도로가 다르고, 국민들의 성향이 다르며, 자동차를 바라보는 시각도 달라서, 세계의 모든 나라는 독특한 자동차문화가 존재한다. 자동차 생산국은 많은 나라가 있지만 크게 보면 독일, 일본, 미국, 한국, 프랑스, 중국이 있다. 이 6개국의 민족성이 모두 다르다. 독일은 기계처럼 정확하고, 일본은 아기자기하며, 한국은 '적당'이란 문화가 있다. 미국은 대륙적 기질이 있으며, 프랑스는 예술성이 강하고, 중국은 스케일이 크다. 또한 도로와도 연관이 있다. 독일은 일찍부터 아우토반이 있고, 고속주행에 익숙한 반면 미국은 이동 거리가 길다보니 승차감이 중요하다. 일본과 프랑스는 도로가 좁고, 실용성을 강조한 작은 자동차를 선호한다. 중국은 국토가 넓어 고속철을 포함한 철도와 버스 등이 잘 갖추어 있고 자동차도 크다.

이런 민족성과 도로 여건에 따라 독일은 자동차는 승차감이 딱딱하고, 가속페달을 밟으면 반응이 빠른 편이다. 미국은 편안한데 중점을 두어 푹신하고 자동차가 큰 게 특징이다. 일본은 독일과 미국의 중간이고, 편의성을 위한 시스템이 상당히 많이 장착되어 있다. 한국은 일본을 따라가며 여러 장점을 잘 담아낸다. 프랑스는 자동차를 하나의 예술품으로 보아 스타일에 상당한 비중을 둔다. 중국은 모든 것을 담아내는 모방이 지배적이고, 체면 문화가 결합하여 큰 차를 선호한다. 그러나 문화는 세계화의 속도가 빨라지며 점차 통합돼 간다. 국가 간의 교역과 교류가 많아지고, 특히 글로벌 자동차 시장에서 경쟁하며 자동차문화도 그만큼 통합화가 빨라지고 있다.

▼ 한국과 미국의 자동차문화 환경 특성

특성	한 국	미 국
풍 토	전국적으로 비슷한 사계절 기후	지역별로 다양한 기후조건 존재
도 로	변화가 많은 도심 위주의 도로 여건	긴 직선로의 고속도로 주행 빈번
문 화	단일민족형 공통주의적 문화 (전국적 규모의 트렌드)	다양한 민족의 다양한 문화가 존재 (전체적 유행과 개별 기호 트렌드)
사 회	대부분 도시형 라이프 스타일	다양한 생활 패턴
거 주	개인 독립공간 협소한 아파트 거주체제 (좁은 주차공간, 한정된 레저공간)	개인주택 위주의 타운 형성 (Garage문화, 일부 도심만 주차난)
심 리	신속함(빠른 반응)과 개성을 중요시	안정감과 안전성, 안락감을 중요시
생 활	생활공간 이동거리 짧고 택배 발달	이동거리 길고 DIY 삶의 형태

선진 자동차문화의 3요소 - 박물관, 경주, 모터쇼

자동차 선진국의 3가지 요소로 자동차박물관, 자동차경주, 모터쇼를 꼽는다. 자동차에 대한 꿈은 속도에 대한 열망으로 나타났다.

얼마나 더 빨리 달릴 수 있을까 하는 욕망은 스포츠카를 탄생시켰고, 사람들은 더 빠른 차를 보기 위해 자동차 경기장을 찾는다. 우리나라에서 자동차경주는 여전히 척박한 풍토지만 F1을 개최한 경험을 가졌고, 서울모터쇼는 꾸준하게 나름의 역할을 하고 있다. 남은 한 가지 숙제가 자동차 박물관인 셈이다. 자동차문화란 결국 자동차를 이용해 어떻게 여가를 즐기는가 하는 문제와 연결된다. 여가와 여행은 자동차와 더불어 함께하며 삶의 질을 높여준다. 단지 유행을 쫓아가는 것이 아니라 여유와 즐거움이 동반되어야 한다. 오토캠핑만이 아니라 자동차 박물관이나 자동차 경주장, 모터쇼를 찾아가는 것도 즐거운 여행일 것이다.

모터스포츠의 3요소 - 스릴, 스피드, 서스펜스

스포츠는 스릴, 스피드, 서스펜스의 3요소가 풍부할수록 인기가 높다. 여기에 모터스포츠는 성능과 운전기술이 스포츠 요소로서 작용하기 때문에 메이커는 차량 성능 경쟁 즉, '기술의 경쟁'이 되며 참가하는 메이커나 선수는 생명을 거는 도박과 같은 이벤트이다. 모터스포츠는 아직 우리나라에서는 생소하다. 그러나 세계 최초의 레이스가 1887년 프랑스에서 열렸으니 자동차의 역사와 함께 발전을 해왔다. 자동차 선진국의 모터스포츠는 가장 대중적인 오락의 하나로 자리하고 있고, 메이커도 이 부문을 단순한 홍보의 차원을 넘어서 하나의 이벤트 사업으로 막대한 투자를 하고 있다.

모터스포츠는 카 레이서, 메이커, 스폰서, 관객들로 이루어지는 기계와 기술 그리고 인간이 조화를 이루는 스포츠로서 미국에서는 연간 30억 명이 모터스포츠를 시청하는 3대 인기 스포츠의 하나이며, 유럽에서는 'F1 그랑프리'를 올림픽, 월드컵과 함께 세계 3대 이벤트의 하나라고 극찬하기도 한다. 이와 같은 인기의 비결은 카레이서들 목숨을 건 경쟁심, 엄청난 스피드와 스릴, 고도의 테크닉과 기술개발 경쟁, 높은 흥행성이다.

◀ F1(포뮬러원)과 쌍벽을 이루는 세계 최정상급 모터스포츠 대회인 월드 랠리 챔피언십(WRC)에서 현대자동차가 2019년 이후 3연패로 정상에 우뚝 섰다.

자동차 경주는 도로의 상태에 따라 온로드, 오프로드, 랠리 경기로 나누며, 온로드는 자동차 전용경기장(Circuit)에서, 오프로드나 랠리(Rally)는 비포장도로에서 이루어지는 경기이다. 온로드 경기는 경주용 자동차(Machine)를 이용한 유럽지역의 포뮬러 경기(F1, F3000, F3 등), 미국은 인디카 시리즈와 일정량 이상 시판된 자동차가 레이스를 펼치는 투어링카 경기로 나누어진다. 랠리는 산길이나 사막, 계곡 등 비포장도로를 달리는 대회로 전 세계를 순회하며 세계랠리선수권(WRC)이 가장 명성이 높고 다카르랠리, 파라오랠리 등이 있다. 또한 94년이라는 오랜 역사를 가진 '르망 24시 레이스'는 차량의 내구성이 좋아야 우승한다. 한편 현대차는 WRC와 같은 세계 모터스포츠 대회에서 축적한 기술을 토대로 고성능 브랜드 N 라인업을 지속적으로 확장해오고 있다.

자동차 야영

　자동차 야영은 인류의 역사와 함께 한 자연발생적 일반 야영과 현대 문명의 총아인 자동차의 편익이 결합된 것이다. 즉 야영 전용차 또는 일반 차량을 각자의 야영지까지 진입시켜 차내에서 숙박하거나 차량 주변에 텐트를 설치하고 여가활동을 즐기는 것이다. 유럽에서는 '인생은 여행'이라고 하여, 자동차 야영이 1960년대부터 대중화되었고, 미국도 야영 인구가 약 6천만 명이 있으며 'Mobile Home', 'Camping Trailer' 등 캠핑 전용 차량이 대중화되어있다.

모터쇼와 이벤트

　자동차산업과 관련된 행사는 모터쇼, 딜러 이벤트, 신차발표회, 기술발표회, 기타행사(애프터마켓전시회, 산업기기 전시회, 부품전시회, Fleet/ Lease/ Rent 산업 쇼)등으로 나누어 볼 수 있다. 이 가운데 모터쇼는 지상에서 가장 화려하고 기술적으로 많은 사람의 관심을 끄는 자동차산업의 최대 축제로 '자동차

산업의 꽃'이라고 부른다. 화려한 인테리어와 조명, 미녀 내레이터와 모델, 수준 높은 디자인과 첨단 기술의 경연, 미래 모습의 콘셉트카 등 수백 대의 자동차가 환상적으로 어우러지는 꿈의 무대로서 '자동차와 소비자가 만나는 마당 축제'이기도 하다. 1897년 프랑크푸르트쇼, 이듬해 파리오토살롱, 제네바오토살롱이 처음 열려 자동차 역사와 함께하고 있다.

▲ 유럽, 북미, 한국 '올해의 차' 로고

한편 세계 자동차 선진국은 해마다 '올해의 차(Car Of The Year)'와 '올해의 엔진'을 선정한다. 그 나라의 자동차문화를 반영하고 소비자·시장의 반응과 전문 매체와 기자의 평가를 토대로 뽑는다. 올해의 차는 1950년대 자동차 전문 잡지 '모터트렌드'가 처음으로 운영하면서, 자동차 업계에서 가장 중요한 상으로 자리 잡고 있다. '북미 올해의 차'는 자동차 전문기자가 다양한 평가 항목을 심사하여 결정된다. 우리나라에서 운영되는 올해의 차도 3개 종류가 있으며, 가장 권위 있는 상은 중앙일보가 주관한다.

◀ 2021 올해의 차(중앙일보) ADAS부문 1위 제네시스 GV70은 현대차그룹의 '안전철학'이 반영되어 선정되었다.

5. 자동차 발달사

수레바퀴 발명 - '자동차'라는 위대한 인류문명의 시작

 오늘날 가솔린 자동차의 역사는 기껏해야 130여 년이 넘지만 자동차에 대한 인간의 꿈은 장구한 인류의 역사와 그 근원을 같이하고 있다. 인류문명의 태동기였던 기원전 4천 년 경 남메소포타미아의 수메르인에 의해 고안된 소나 노새가 끄는 '수레바퀴' 발명에서 자동차를 향한 위대한 인류문명의 시작된다. 수레바퀴의 재료는 오랫동안 나무였다. 이어서 2천 년 전 켈트족이 바퀴 둘레를 쇠로 감싼 바퀴가 등장하고, 드디어 1867년 미국인 굿이어가 천연고무에 유황을 섞어 에보나이트 고무바퀴를 개발하였고, 1888년 영국인 던롭에 의해 자전거용 공기주입 타이어가 개발되었다. 1895년 프랑스인 미쉐린 형제가 자동차용 타이어를 만들었다. 그리고 1912년 굿리치가 내구성을 대폭 늘린 카본타이어를 발명하여 자동차산업을 발전시켰다.

'모든 길은 로마로 통한다.' - 마차의 전성시대를 거치다.

기원전 2천 년에는 보다 강하고 빠른 말이 끄는 기동력 있는 마차 민족이 세계 각지를 정복하게 되었다. 특히 고대 로마제국은 유럽 전역에 포장 도로망을 닦아 '모든 길은 로마로 통한다.'는 마차 운송 시대를 열었다. 이러한 마차는 가장 오랫동안 인류의 육상 교통수단으로써 이용되었으며, 자동차가 출현하기 전인 18세기부터 19세기까지의 약 200년은 '마차의 전성시대'를 이루었다. 그러나 마차는 동물의 힘에만 의존하는 한계 때문에 '말없는 마차', '스스로 움직이는 자동수레'에 대한 꿈을 버리지 않았던 인류는 15세기 레오나르도 다빈치가 태엽 장치로 움직여보기도 하고, 바람이나 스프링을 이용해보다가, 1860년에는 만유인력을 발견한 영국의 뉴턴에 의해 증기 분사력을 이용한 자동차의 모형이 처음 제작되었다.

증기기관의 산업혁명과 인류 최초의 증기자동차 발명

1712년 뉴커먼에 의해 증기기관의 제작에 성공하고 이어 1765년 제임스 와트가 회전식 증기기관을 개발하여 기계를 움직이거나 광산용 펌프로 실용화하자, 이러한 증기기관을 자동차에 얹혀 증기차를 개발하려는 최초의 시도가 루이 14세 때인 1769년 프랑스 공병 장교 N.J 퀴뇨에 의해 대포를 끌기 위한 나무로 만든 증기자동차는 4명을 태우고 시속 3.5km로 빈센느 거리를 달려 인위적인 동력으로 움직이는 세계 최초의 증기자동차가 되었다. 그러나 15분마다 물을 공급해야 했고, 핸들이 뻑뻑하고 브레이크도 없어 커브를 돌다 담벼락에 부딪쳐 실패하고 말았다. 이 사상 첫 자동차 사고는 '사람 잡는 무서운 기계'로 보고되어, 퀴뇨는 2년을 감옥에 갇혔다. 석방 후 다시 1771년 2호 차를 만들었다. 그러나 이 위대한 발명품은 '무서운 소문' 탓에 빛을 보지 못하고 말았다.

◀ 퀴뇨가 개발한 세계 최초의 증기자동차, 2호차가 프랑스 자동차박물관에 전시되어 있다.

그 후 영국의 리처드 트레비딕(R. Trevithick)이 1801년 매우 실용적인 마차 모양의 증기자동차를 만드는 데 성공한 후, 1820년부터 본격적으로 보급이 늘어나, 1900년대 초까지 '증기자동차의 황금시대'가 열렸었다. 한편 증기자동차의 보급 속에서 1825년 스티븐슨이 발명한 증기기관차는 발달을 거듭하여 1848년 영국에서는 철도 길이가 8천km를 넘어서며, 19세기는 증기기관차와 기선이 근대 산업혁명과 교통혁명을 일으키는 주역이 되었다.

한편 증기자동차의 보급이 가장 앞섰던 영국에서는 마차 업자가 증기자동차를 반대하고 나섰다. 그때 만들어진 규제가 바로 1865년 제정된 '적기조례(붉은 깃발 법)'이다. 이 조례는 자동차 최고속도를 시속 3키로(도심)로 제한하고, 조수가 낮에는 붉은 깃발로 밤에는 등불로, 자동차 앞에 달리며 말을 끄는 마부나 행인에게 자동차의 접근을 예고하도록 한 조치로, 시대착오적인 규제의 대표적 사례로 꼽힌다. 결국, 이 규제는 30년간 지속되며 영국은 자동차산업에서 독일과 미국에 주도권을 내주고 뒤지게 되었다.

전기자동차의 등장과 퇴조

최초의 전기자동차는 1824년 헝가리의 아이노스 예들리크가 발명했다. 이후 1830년대 영국 스코틀랜드의 사업가인 로버트 앤더슨이 전기 마차를, 1835년 네덜란드의 크리스토퍼 베커가 소형 전기자동차를 만들었다. 1865년 프랑스 물리학자 가스통 플랑테가 축전지를 발명하며, 전기차는 프랑스와 영국에서 급속도로 보급되기 시작하고, 1899년에는 100km/h를 돌파하는 전기차가 등장하였다.

▲ 1913년의 토마스 에디슨이 만든
전기자동차

1910년대에는 미국의 토마스 에디슨도 가세하며, 전기차의 전성기를 이루었다. 이때 헨리 포드가 T형 포드(1,500만 대 판매)로 자동차 대중화 시대를 열고, 1920년대 미국 텍사스에서 원유가 대량으로 발견되며 휘발유의 가격이 떨어지자, 휘발유 자동차보다 3배 비싼 가격과 무거운 배터리, 충전에 걸리는 시간 등의 문제 때문에 자동차 시장에서 전기차는 대부분 사라졌다. 다시 전기차는 1996년 GM가 'EV1'을 처음 양산하며 등장하였으나, 수요가 크지 않고 수익성이 낮다는 이유로 1년 만에 조립라인을 폐쇄하였다. 2000년대 들어 배기가스 규제로 하이브리드 전기차가 인기를 끌게 되고, 2003년 창립한 테슬라의 등장으로 순수 전기차가 각광을 받으며, 2020년 3백만 대 판매로 전기차의 부흥 시대가 열리게 된 것이다.

내연기관의 발명과 세계 최초 가솔린자동차 등장

인류 역사를 바꿔놓은 석유를 쓰는 내연기관 자동차는 실린더 내에서 직접 연료를 연소시켜 그 폭발력으로 동력을 얻는 기계이다. 1860년 프랑스 르노아르가 가스엔진을 처음 완성하였고, 1872년 독일의 N.오토가 4사이클 엔진의 기본원리를 이용한 가스엔진을 실용화한 후, 함께 일하던 G.다임러가 1883년 소형의 고효율 가스엔진을 완성하였고, 1885년에 2륜 목재 자전거에 엔진을 탑재하여 '사상 최초의 2륜 자동차'인 모터사이클을 만들었다. 곧이어 다임러는 1886년 2인승 4륜 마차에 휘발유 엔진을 얹혀 '세계 최초의 휘발유 자동차'를 탄생시키기에 이르렀다. 이 자동차는 최고속도 시속 15km로 스프링, 냉각기, 클러치, 2단 변속기, 자동기어 등 비록 원시적인 형태였지만 현대식 주행 장치를 거의 다 갖추었다.

다임러는 위대한 발명가였다. 마이바흐와 함께 1876년 내연기관을 개발하고, 1885년에는 세계 최초의 오토바이, 1886년에는 승용차, 1887년에는 엔진 철도차, 1888년에는 모터보트와 헬리콥터, 1896년 픽업트럭, 1898년에는 적재량 1톤급의 대형 트럭을 차례로 발명, 인간의 생활을 하나하나 혁신시켰다. 같은 시기 같은 독일의 K.벤츠는 1885년 4사이클 휘발유 엔진을 3륜차에 탑재하고, 1886년 특허를 취득하게 됨으로써 공식적인 세계 최초의 가솔린엔진 자동차로 인정되고 있다. 다임러와 벤츠는 '가솔린 자동차의 아버지'로 부르게 되었고, 두 사람이 각자 만든 자동차 회사가 1926년 합병하여 다임러 벤츠사가 되었다.

1886년 가솔린 자동차의 특허를 획득한 벤츠는 곧 상품화하였다. 이 무렵 설립한 벤츠, 푸죠, 르노, 포드, 피아트 등의 오늘날 세계적 기업은 모두 100년 이상의 역사를 가지게 된다. 다만 1900년 이전의 초기 자동차는 부유한 특수계층의 소량 주문생산에 머물러 1900년 세계 생산규모는 1만대 수준이었다.

◀ 세계 최초의 가솔린엔진 자동차인 벤츠 파텐트 모토바겐, 1886년 1월 29일 독일의 특허(NO 37435)를 받았다.

수공업시대의 초기 마차 자동차

초기의 자동차는 '말없는 마차(Horseless Carriage)'의 형태로 승객실(Cabin)의 개념이 없었고 차대도 마차와 동일한 구조를 가지고 있어 디자인의 개념은 존재하지 않았다. 자동차가 발명된 후 구조적인 진보는 헨리포드에 의해 미국에서 빠르게 이루어졌다. 포드 T형 모델이 대량 방식에 의하여 생산되기 시작한 1913년 이전까지는 엔진과 구동장치를 만드는 새시업자에게 공급받아서 차체를 만드는 마차 제조업자에게 의뢰하여 완성하는 수공업 형태에 머물러 있었다.

초기 대량생산 시대의 개막

미국의 포드사는 1896년엔 자전거용 네 바퀴 달고 에탄올로 달리는 첫 모델을 내놓고, 1903년에는 모델A를 생산하였다. 포드의 생산 혁명은 차를 조립하러 사람이 옮겨 다니는 게 아니라, 컨베이어 조립라인에 서 있으면 차가 오게 만든 것이다. 1908년 모델T의 조립시간은 12시간 반에서 1917년에는 조립시간이 93분으로 단축된다. 모델T는 1927년까지 18년 동안 1천5백만대가 팔렸고, 후속 포드 모델A는 5년간 4백만대가 생산되어 포드의 혁신은 '대량생산 대량소비'라는 현대산업사회의 새로운 혁명을 일으켰다. 이 시기 자동

차는 앞쪽에 엔진 공간, 뒤쪽에 주거 공간의 2박스 디자인이고,
1920년대 말에는 유선형에 트렁크의 개념이 생기면서 세단이 선보
이기 시작하였다. 내연기관 엔진의 개발도 빠른 속도로 진행되어,
고급 차종에는 V8, V12, V16 엔진들이 장착되기도 했다.

▲ 20년간(1908~1927년) 1,500만대
생산 기념 포드 모델 T형과 타고 있
는 헨리 포드, 2,900cc 20마력 직
렬4기통 엔진, 네모나고 투박한 외
형, 검은색 일색의 외형이다.

디자인 개념의 정립과 스타일의 다양화

포드의 대량생산방식이 자리를 잡고 미국의 빅3-GM, 포드, 크라
이슬러가 미국의 자동차 대중화를 주도하면서 금형 프레스로 자동
차가 만들어져 금형을 다시 만들 때마다 형상의 변경이 이루어지는
스타일 중심의 디자인 개념이 정립되었다.

제2차 세계대전으로 미국은 군수산업의 전쟁특수로 자동차생산
이 크게 늘었고, 자동차기술의 진보도 크게 이루어졌으며, 전쟁 영
향으로 엔진의 대형화, 고성능화와 차체의 대형화, 고급화로 진전
되었다. 반면 유럽은 전후 어려운 경제 사정으로 소형차가 대부분이
었다. 구조 또한 간단하고 장식적인 요소가 적은 스타일이 주류를
이루었다.

이 당시 미국은 민간용 차량과 함께 대표적인 군용으로 지프(Jeep)가 등장하였다. 한편 전후 유럽의 대표적 모델은 1945년 독일의 폭스바겐의 비틀(Beetle, 사진)과 이  를 최초로 설계한 포르쉐 박사가 만든 포르쉐 스포츠카가 등장하였다. 또한 전쟁 후 민간용 차량의 생산을 재개한 피아트, 란치아, 페라리도 소형차와 스포츠카에서 독특한 유럽 스타일의 모델을 선보였다.

1950년대에 들어서면서 디자인은 자동차의 바로크 시대로 부를 만큼 화려한 장식과 공기역학 구조의 형태가 절정을 이룬 시기였다. 1954년부터 매년 새 모델이 발표되어 변화 주기가 짧아지고 자동차 디자인의 중요성이 크게 부각되었다. 기술의 진보도 급속히 이루어져 모노코크 차체의 출현과 OHC 엔진 개발 등으로 차체 높이가 낮아지고 엔진의 고성능화가 이루어졌다. 미국과 유럽에 이어 일본 메이커도 다양한 모델을 개발하면서 각각의 고유의 캐릭터를 가지게 되었고 새로운 스타일이 속속 등장하였다.

자동차 대중화와 소형차 전성시대

진정한 의미의 대중화로 자동차가 일상생활 속에 들어온 것은 1960년대였다. 이 무렵 자동차산업은 미국의 산업구조를 바꾸면서, 일자리의 1/6 이상이 자동차 관련이었다. 가장 중요한 연관 산업은 정유산업으로서 자동차 대량생산 체제와 맞물려 자동차 대중화를 이끌었다.

1960년대 미국에서는 1964년 발표한 포드의 머스탱(사진)에 의한 새로운 스타일의 스포츠 요소 가 가미한 다양성이 스타일의 주류를 이루었고, 유럽은 고 급화와 실용성의 소형차가 자 리를 잡아갔다.

한편 신흥공업국인 일본의 자동차가 세계시장에 서서히 선보이기 시작하였다. 1970년대는 두 차례에 걸친 오일쇼크로 자동차 산업계에 엄청난 변혁을 가져다주었다. 유가의 폭등으로 소형차가 세계시장의 주류를 이루었고, 미국 시장에서 별로 주목받지 못하던 일본차가 급격히 새로운 강자로 등장하였다. 미국에서는 모든 메이커의 차량 사이즈와 엔진 크기가 줄어들었고 날카로운 박스형 차체와 기하학적인 형태가 유럽과 일본에서 주류를 이루었다.

자동차 성숙기 시대의 RV 붐과 디자인의 동질화 이후

1980년부터는 디자인이 차량 전체가 부드러운 라운드 형태로 주류를 이루었다. 또 운전 시간이 길어지면서 실내공간이 넓어지고 레저용 차량으로 SUV와 미니밴의 다양한 모델이 선보였다. 미니밴은 미국 크라이슬러에서 처음으로 만들어져, 이제 대표적인 RV(Recreational Vehicle)의 유형의 하나로써 자리를 잡았다. 또한 크라이슬러 지프에서 유래된 SUV 붐은 2000년대 들어서 승용차 세단의 인기와 수요를 넘어 자동차의 대세로 자리 잡았다.

1990년대부터는 디지털기술과 차체의 성형성이 증대되어 디자인 자유도는 높아지고, 세계화가 전 분야에 확산되면서 자동차 디자인도 동조화하기 시작하였다. 2000년대부터는 내연기관과 석유의 한계가 가져다준 대기환경 문제가 전기차 시대를 앞당겼고, 디지털과 IT기술의 융합으로 커넥티드 카와 자율주행차의 상용화가 머지 않아 열릴 것이며, 자동차 공유와 이용개념의 변화가 새로운 모빌리티 시대를 열게 될 것이다.

◀ 1974년 발매 후 2020년 8세대까지 3천만대를 판매하여 역대 세계 판매3위를 기록한 VW 골프 모델

▼ 자동차의 발달 연표

BC 4천년경	수메르인 수레바퀴 발명
BC 2천년경	2륜 전투마차 전성기, 마차 민족의 시대
200년경	로마제국의 8만km 마차도로 건설
1712년	뉴커멘(Th.Newcomen), 증기기관 발명
1769년	퀴뇨(N.J.Cugnot), 증기자동차 제작
1859년	르노아르(JJ.Lenoir), 석탄가스 내연기관 발명
1876년	오토(N.A.Otto), 스파크 점화식 내연기관 발명
1886년	다임러(G.Daimler) 가솔린 4륜 자동차, 벤츠(K.Benz) 가솔린 3륜차 발명 특허취득
1891년	영, 볼크 전기자동차 발명
1892년	디젤(R.Diesel), 디젤엔진 발명
1894년	세계 최초 자동차 레이스(프랑스 파리-르앙)
1897년	미쉘린(E.Michelin), 자동차용 공기 타이어 발명
1898년	제1회 파리살롱 개최 (프랑스 세계최초 모터쇼)
1899년	프랑스 르노, 푸조, 이태리 피아트 설립
1903년	미국 굿이어 튜브레스 타이어 개발, 포드사 설립
1908년	포드-T 개발, General Motors 설립
1914년	포드자동차 컨베이어 시스템 도입 대량 생산 개시
1921년	다임러사, 세계 최초 디젤자동차 개발
1934년	시뜨로엥, 세계 최초 전륜 구동차 개발
1950년	연간 세계 자동차생산 1천만대 돌파
1967년	현대자동차 설립 (2000년 현대차그룹 출범)
1977년	연간 세계 자동차생산 4천만대 돌파
1997년	세계 최초 하이브리드 카 시판 (도요타 프리우스)
2011년	세계 자동차보유 10억대 돌파
2013년	연간 세계 자동차수요 8천만대 돌파 중국 연간 생산 판매 2천만대 돌파 (세계1위)
2020년	세계 자동차보유 15억대 돌파, 전기차 판매 3백만대

자동차산업

1. 자동차산업의 본질과 특성
2. 자동차 관련 산업
3. 자동차부품의 분류와 규모
4. 자동차부품산업의 특성
5. 자동차산업의 경영 특성
6. 세계 자동차산업의 역사
7. 세계 자동차산업의 수급 변화
8. 세계 자동차시장의 경쟁구도
9. 국내 자동차산업의 발전 역사
10. 국내 자동차의 수급 변화
11. 국내 자동차부품업체의 변화

1. 자동차산업의 본질과 특성

▌자동차산업은 전후방 연관효과가 큰 종합산업

자동차는 2만여 개의 각종 소재와 부품의 결합체이기 때문에 기업단위 방식의 한국표준산업분류(KSIC)에서 자동차산업은 '3843 자동차제조업'으로 분류되고, 다시 '38431 자동차제조업'(승용차, 버스, 화물자동차, 특수목적용차, 트레일러 등 완성차를 제조 또는 조립하거나 승용차, 버스, 트럭 등의 차체를 제조하는 산업 활동)과 '38432 자동차부품제조업'(기관 및 기관 부품, 브레이크, 조향, 클러치, 축, 기어, 변속기, 휠 및 섀시, 프레임과 같은 자동차 전용 부품을 제조하는 산업 활동)으로 나눈다. 따라서 완성차 제조업체가 생산하는 엔진과 변속기 등의 자동차 전용 부품의 제조 활동은 제외되어있다. 또한 타이어, 유리, 전기전자부품, 2차 전지(충전 배터리)의 생산 활동은 자동차산업의 범위에서 제외되어 있다.

자동차는 가전제품처럼 내구소비의 일반재이다. 일반재의 수요가 늘어나면 다시 산업재를 생산하는 후방산업에 대한 수요도 늘어나 경제가 성장한다. 자동차산업에 있어서는 부품, 제철산업 등 소재산업이 후방산업이고, 자동차 판매·이용업체는 전방산업이 된다. 이런 전방산업과 후방산업의 상호 의존관계의 정도를 전후방산업 연관 효과라고 하는데 자동차산업이 매우 크다.

▌세계 최대의 산업으로 안정적 성장산업

산업의 경제적 크기나 영향력을 보고 자동차산업을 '산업 중의 산업(Industry of Industry)'이라 하고, 자동차를 산업의 꽃이라고 부른다. 이는 자동차가 세계 최대의 시장규모를 가지고 모든 산업을 이끌어가기 때문이다. 인류의 3대 산업군은 모빌리티·에너지·통신이라고 한다. 이를 하나로 엮는 모빌리티 혁명도 자동차산업에 그 기반을 두고 있다. 또한 자동차산업은 130년의 산업 역사를 가진 성숙산업이라기보다는 글로벌 수요 측면에서 보면, 아직도 완만한 성장산업이다. 급속한 경제성장을 이어가는 중국을 중심으로 인도, 브라질, 러시아 등에서 꾸준한 수요증대가 예상되고, 세계적인 인구증가와 후진국의 경제성장으로 세계 수요는 앞으로도 증대될 것이다. 그 이유로 자동차는 통제받지 않는 '마약과 같은 존재'로 한번 맛을 들이면 자동차 없이 생활할 수 없는 '완전 자동차 사회'가 되었기 때문이다.

매킨지 컨설팅의 자동차시장 규모 예측에 따르면, 2015년 5조 달러였던 자동차 관련 시장은 2030년 7조 달러로 증가할 것으로 보는데, 내연기관차 중심의 전통적인 시장은 3조 달러로 줄어들지만, 승차 공유, 커넥티비티, 전기차, 자율주행차 등과 관련한 신규 시장은 4조 달러로 커진다는 예측이다. 결국 '7천조 원의 거대한 모빌리티 시장'을 누가 어떤 제품과 경쟁력으로 선점하느냐가 과제가 될 것이다.

규모의 경제 효과가 뚜렷한 산업

생산 수량의 증가에 따라 나타나는 생산비용의 감소 효과를 '양산 효과' 또는 '규모의 경제(Scale Merit) 효과'라고 하는데 자동차산업에도 뚜렷이 존재한다. 자동차의 신차 개발과 대량생산에는 막대한 설비투자와 부품개발 금형비가 소요된다. 또한, 자율주행차와 전기차 같은 미래 자동차에도 연구개발 투자가 필요하다. 이런 투자비를 회수하려면 적정 수준의 생산 규모를 유지해야 하고, 또한 가격경쟁력도 가질 수 있다. '규모의 경제'의 핵심은 플랫폼 공유이다. 플랫폼은 자동차의 근간을 이루는 뼈대로 차체의 하부구조로서 아키텍처라고도 한다. 하나의 플랫폼으로 몇 개의 모델을 백만 대 이상이 생산하면 많은 부품을 공유할 수 있다. 한편 조립라인의 양산효과 대수는 약 25만대라고 한다. 이 규모는 1분 사이클을 가진 2교대 라인의 연간생산 대수(60대×17시간×20일×12월)로 하나의 플랫폼에서 차별화된 몇 가지 모델을 생산할 때도 적용된다.

한편 자동차는 규모의 효과와 다른 '범위의 효과(Scope Merit)'도 있다. 같은 종류만이 아닌 다른 종류까지 확대하여 전체적인 범위와 수량을 늘려 효과를 나타나게 하는 것이다. 혼류생산으로 한 개의 컨베이어 벨트에서 2~3개 차종을 동시에 생산하거나 풀 라인업 제품전략으로 회사 전체의 생산량을 확대하는 것이다. 그러나 자동차산업에서는 양산 효과와 다른 경쟁 요소도 많다. 상대적으로 설비 투자비는 적으면서 품질, 성능, 디자인, 기술동향 예측, 제품기획, 마케팅 등 다른 경영 요소에서 경쟁력을 갖추어 수익을 내는 소량 다품종 자동차기업도 충분히 생존과 성장을 유지할 수 있다.

▌국가경제를 선도하는 기간산업, 세수산업, 방위산업

자동차산업은 생산액, 고용, 수출 등의 국가 경제에 큰 비중을 차지하고 있다. 또한 자동차는 대표적인 고가의 내구 소비재이기 때문에 경기의 변화에 지대한 영향력을 미치는 국가의 기간산업이다. 2018년 기준 우리나라 자동차산업의 생산액은 190조원으로 전체 제조업의 12%를 차지하고 있으며, 기업 수는 4,724개, 우리나라 제조업 부가가치의 9.4%, 제조업 고용의 12%(종업원 수는 351,315명), 총수출의 10.5%(640억 달러)를 담당한다. 한편 전 세계 완성차 산업의 종사자는 약 8백만 명, 부품업계는 약 1천6백만 명으로 추산하고, 관련 업계를 포함하면 수천만 명이 종사한다.

자동차산업은 국력의 상징이자 기술력의 척도이다. 한 나라의 자동차산업 발전은 관련 산업의 생산성과 기술 수준을 선도할 뿐만 아니라, 그 나라의 공산품 품질 수준을 세계적으로 인정받게 된다. 바로 현대자동차가 세계에서 명성을 쌓아올리면, 우리나라 모든 제조업의 수준은 저절로 세계적 수준이 된다. 바로 한 나라의 자동차가 전 세계를 누비면서 호감을 얻게 되면, 그 국가의 산업 위상도 높아진다.

자동차는 '세금을 먹고사는 하마'라고 한다. 구매단계부터 등록, 보유, 운행단계마다 세금이 징수되는 국가의 주요 세수산업이다. 우리나라의 자동차 관련 세금은 2017년 42조원으로 매년 약 6%씩 늘어나고 있어, 2021년에는 50조원을 돌파할 것이다. 자동차산업은 군수산업이기도 하다. 평시에는 군수물자와 병력 이동을 용이하게 하여 기동력을 높이고, 전시에는 정밀기계공업으로서 설비, 기술, 인력을 군수용 차량과 병기 제조는 물론 항공기, 전차 등 전투장비의 생산으로 바꿀 수도 있다. 바로 세계 제2차 대전 중 미국의 GM과 포드 등 디트로이트의 자동차공장에서 생산한 폭격기, 지프, 군수물자는 미국의 총 군수 생산품의 20%를 차지했다.

정치적 영향이 큰 산업

자동차산업은 국가기간 산업으로서 엄청난 고용효과와 방대한 산업지배력, 그리고 대규모 자본투자 때문에 고도로 정치적인 특성을 갖는다. 즉 소유와 경영의 측면에서 정부가 산업에 관여하는 경우가 많다. 프랑스는 자국 산업을 보호하려고 르노나 시뜨로엥의 경영권을 가지기도 하였고, 미국도 글로벌 금융위기 속에서 국가가 나서서 GM을 국영화하여 살리는 선택을 하였으며, 영국은 과거 국적기업(로버, 재규어, 롤스로이스, 미니 등) 모두가 해외로 넘어가는 정치적 선택을 한 바 있다. 중국은 글로벌 자동차메이커와의 합작기업, 국영 기업, 민간 기업이 혼재하지만, 전적으로 국가가 자동차산업을 주도한다. 이런 정치적인 성향으로 오늘날 세계적 자동차기업을 가진 나라는 미국, 독일, 일본, 프랑스, 한국, 이탈리아로 몇 나라만 손꼽을 수 있을 정도이다.

산업혁명의 중심적 역할을 하는 산업

제1차 산업혁명은 영국에서 1750년 영국에서 시작돼 19세기 초반까지 이어진다. 특히 1784년 석탄을 쓰는 증기기관 발명으로 생산 기계화가 면직물공업을 주도했다. 1769년 증기자동차가 처음 등장하고 영국의 리처드 트레비딕이 1801년 매우 실용적인 증기자동차를 만드는 데 성공한 후, 1900년대 초까지 '증기자동차의 황금시대'가 열렸다. 제2차 산업혁명은 1870년대부터 전기·정유·자동차 산업 등의 신산업을 근간으로 전개된다. 이때 기술 주도권은 독일과 미국으로 넘어가고 과학에 기반을 둔 기술혁신과 대량생산의 체계가 구축되어 포드시스템과 테일러주의가 전 세계로 전파된다. 제3

차 산업혁명은 1960년대 후반 컴퓨터를 활용한 정보기술 혁명이다. 컴퓨터 · 인터넷 · 휴대전화에 기초한 디지털 기술혁신이 일어나고 자동차산업은 공장자동화로 이어지며 글로벌 네트워크 시스템이 구축되었다. 이제 산업간 융합이 특징인 제4차 산업혁명의 시대가 오고 있다. 디지털 기술융합과 ICT가 결합된 스마트폰, 사물인터넷 (IoT), 인공지능(AI), 3D 프린팅, 로보틱스, 드론, 가상현실, 자율주행차, 스마트 모빌리티 등의 분야에서 일어나고 있으며, 자동차산업과 관련하여 구글, 애플, 테슬라, 삼성전자, 스타트업 등 IT기업이 기술혁명을 주도하고 있다.

부품업체에 전적으로 의존하는 대표적인 조립산업

자동차는 2~3만여 개의 부품으로 만들어지는 대표적인 조립 산업이며, 자동차 원가의 70% 정도가 재료비로 부품의 원가, 품질, 납기, 업체 관리 등이 중요한 산업이다. 따라서 자동차산업의 육성과 기업 경쟁력은 1~3차 협력사를 중심으로 하는 거대한 생태계로 조성된 튼튼한 하부구조의 구축과 조달체계에 달려 있다.

자동차는 여러 기업의 수많은 가치 활동이 결합한 시스템 상품이기 때문에 자동차기업을 '조립업체' 또는 '완성차업체'라고 한다. 따라서 부품의 품질이 완성차의 품질이 되며, 부품업체의 경쟁력이 완성차업체의 경쟁력이다. 결국 자동차란 단일 업체의 경쟁력이 아니라, 여러 관련기업의 경쟁력이 시스템으로 결합한 것이다. 바로 현대차그룹의 경쟁력에는 우리나라의 부품업체의 경쟁력과 인프라가 한몫을 하고 있다. 즉, '자동차의 경쟁력은 부품공급 네트워크의 시스템 경쟁력'인 것이다.

또한 완성차의 품질은 각 부품의 개별품질에서 비롯되지만, 서로 다른 기능의 부품 간 접속, 즉 인터페이스가 완벽해야 한다. 각 부품의 상호작용과 접속성, 기술적 완결성, 총체적인 균형감을 최적화해야 한다. 수많은 부품을 동시에 컨베이어에서 조립하려면 적시공급을 위한 공장라인과 부품업체 간에 최적화된 시스템이 구축되어야 한다. 여기에다 자동차 기술은 고객의 요구와 회사의 요구, 그리고 자연법칙을 총체적으로 고려해 제품요소(모양, 재질, 공차, 시험방식 등)를 최적화하는 기술이다. 다시 말해 상호 모순되는 요구를 타협하고, 조화와 균형으로 최종적으로 고객 만족을 목표로 하는 '오케스트라와 같은 조화의 예술'이 필요하다.

▌제품구조상 표준화와 모듈화가 어려운 고도의 아키텍처 산업

자동차는 수천 개의 기능 부품으로 구성된 복잡한 기계제품으로 이들 부품의 구조가 기능과 기능 사이에 복잡하게 얽혀 있다. 같은 기계제품으로 부품 간 인터페이스의 표준화가 상당히 진행된 PC나 자전거와는 달리, 기업을 넘어 공유화 할 수 있는 범용제품의 비율이 전기차를 제외하면 20%를 넘지 않는다. 왜냐하면 다양하고 까다로운 고객의 취향에 맞추기 위해 치밀한 설계의 제품 차별화가 요구되기 때문에 PC와 달리 표준화와 모듈화가 어려운 것이다. 즉 자동차는 기본적으로 독립적인 제품, 즉 그 자체로 고객을 만족시켜야 팔리는 재화이기 때문이다. 본래 고객은 자신의 기호와 라이프스타일에 맞는 모델을 고르는 경향이 있다. '다른 많은 사람이 고르기에 그 제품이 자신에게도 매력'이라는 네트워크 재화가 아닌 것이다. 바로 이런 이유로 자동차는 소량생산 메이커도 생존할 수 있는 요소가 된다. 그러나 구조, 설계, 체계와 함께 고도로 통합적인 전체 부품 간 인터페이스 구조와 설계 아키텍처를 가져야만, 사내 모델 간 공용화와 기업 간 표준화를 이룰 수 있다.

세계시장을 무대로 하는 글로벌 산업

자동차산업은 다국적 기업들의 시장지배와 국제시장에서 차지하는 전략적 위치에 크게 영향을 받는다. 이들 기업끼리의 전 세계적 협력체제로 신차개발, 생산, 부품조달, 시장판매, 전략적 자본제휴인 기업의 인수·합병(M&A)이나 출자 형태가 복합적으로 일어난다. 특히 '스텔란티스'나 르노-닛산-미쓰비시 등과 같이 다국적 기업의 연합 형태도 있다. 또한 국가 간의 소비패턴도 동질화되어 가는 글로벌 산업의 특징을 갖는다. 국제화를 나타내는 국제교역 규모에 있어 자동차 제품의 교역규모는 세계 최대 규모인 약 2조 달러('17년 기준)로 세계 전체 교역에 있어 약 13%의 비중을 갖고 있다.

투자위험이 큰 거대 자본산업

자동차산업은 대규모의 토지와 공장 그리고 생산과 연구 설비에 거대한 자본이 투입되는 대규모 장치산업이다. 우리나라의 경우 30만대 승용차공장을 새로 지으려면 약 4~5조원이 소요된다. 즉, 일정 규모의 토지와 건물 그리고 양산 설비를 구축하는 데 막대한 비용이 투입되어야 하며, 진입 후 모델 개발부터 제품 출시까지 최소한 4년이 소요된다. 이렇게 투하된 자금이 회수되는 데까지 걸리는 투자 회임 기간이 10년 이상 걸리므로, 탄탄한 자금력이 뒷받침되지 않으면 안 되는 대표적인 자본집약적 산업이다. 또한 막대한 자금력을 갖춘 기업이라도 진입에 성공할 가능성이 낮고, 경영에 있어 수많은 위험이 도사려 어느 산업보다 리스크가 높다.

글로벌 자동차메이커인 GM, 도요타, 르노, 닛산, 폭스바겐, 크라이슬러 등도 모두 도산까지 가는 경영 위기를 겪었다. 영국 국적 기업은 모두 도산되어 국외로 넘어갔다. 도요타도 대규모 정리해고를 겪었고, 사상 초유의 발판 매트에 의한 대규모 리콜로 생존을 위협받았다. 폭스바겐은 디젤게이트 문제가 불거져 나왔으며, GM은 점화플러그 불량에 대한 대규모 리콜 등으로 존폐의 위기를 겪었다. 우리나라의 삼성그룹도 자동차산업에 진출했지만 제대로 된 실적을 내지 못하고 IMF로 인해 르노에 매각되었다. 그리고 쌍용차, 대우차, 기아차도 자동차 사업의 실패로 그룹이 모두 해체되었다. 이런 위기 때마다 각국 정부는 대규모 금융지원으로 회생시켰다. 이렇게 자동차산업은 금융 시스템과 불가분의 관계를 맺고 있는데, 이는 대규모 투자위험과 자본산업의 특성 때문이다.

기술집약적 시스템산업, 축적된 경험과 운영기술이 중요

자동차 기술에는 디자인, 설계, 시험의 제품기술과 생산에 필요한 주조, 단조, 기계 가공, 금형, 열처리, 도금, 도장, 용접, 조립 등의 제조기술이 요구되는 기술집약적 시스템산업이다. 아울러 자동차산업은 매출액에서 연구개발비의 비율인 기술특화계수가 높은 대표적인 혁신산업으로서 전기차, 자율주행차, 신소재, IT기술 등의 혁신적 기술의 개발과 채용 여부가 제품경쟁력의 원천이 된다.

자동차산업은 관리 운영 또는 생산관리라는 독특한 공장 운영의 기술과 노하우가 사업 성패의 관건이 된다. 특히 글로벌 기업인 경우 1천만대를 생산 운영하려면 고도로 축적된 관리시스템이 구축되어야 한다. 글로벌 자동차 메이커가 다양한 공정 구성과 관련 기술, 대단위 생산설비와 라인, 다품종 소량생산 추세, 수만 명의 작업자 등 수많은 요소를 효율적으로 운영하는 것은 매우 어려운 과제가 된다. 자동차 생산의 전문화 · 표준화 · 자동화 · 평준화에 있어 다른 산업에 앞서고 있다. 'JIT생산방식'이나 '컨베이어 생산방식'이 자동차산업에서 모두 생겨났기 때문에 자동차산업을 '생산방식의 도장'이라고도 부른다. 특히 컨베이어 생산방식은 1913년 자동차산업의 아버지라는 헨리 포드가 '1초 이상 걷지 않는다. 결코 몸을 구부리지 않는다.' 는 2대 원칙으로 대량 생산체제를 갖추면서, 경쟁사에 비해 4배나 높은 생산성을 달성할 수 있었다.

▎고객 밀착성이 강한 다품종 대량생산의 시장 수요산업

자동차는 고객에게 어필하는 특장점이 어느 산업보다 다양하다. 따라서 하나의 나라나 하나의 업체가 전반적으로 압도적 경쟁우위를 보이기 힘들다. 브랜드, 가격, 디자인, 기술, 성능, 품질을 모두 갖춘다는 것은 매우 어렵기 때문이다. 특히 고객의 차별화와 개별화 추세가 빠르게 존재하는 제품 특성으로 세계화와 지역화가 공존한다. 즉 자동차산업은 어느 산업보다도 고객 밀착성이 강한 산업이다. 따라서 자동차는 항공기, 철도차량, 선박 등의 주문 생산방식과는 다르게, 시장의 다양한 고객에 맞추어 대량 생산방식으로 만든다. 제품도 전 세계의 다양한 국가별 고객의 요구에 맞추고, 또 하나의 차종에 여러 가지의 엔진, 차체, 편의장치, 옵션, 컬러 등을 선택할 수 있어 한 개 모델에 수백 종의 사양으로 생산되는 다품종 시장수요의 제조업이다.

컨베이어 벨트 라인이 공장의 핵심인 산업

자동차는 대부분의 부품이 조립되는 컨베이어 벨트에서 이루어지는 특징이 있다. 프레스공정을 거친 수백여 개의 패널이 컨베이어 벨트가 시작되는 차체(Body) 조립공정을 타고, 이어 도장 공정을 거쳐 의장, 전장, 엔진, 미션 등의 조립공정과 검사라인 등으로 연결되어 있으며, 자동차 1대가 완성되려면 프레스와 차체공정에 2시간, 도장 10시간, 의장 6시간 등이 소요되고, 최종 검사까지 포함하면 차 한대가 완성되기까지 약 20시간 걸린다.

컨베이어 벨트는 바로 자동차 제조공장의 생산성과 품질을 좌우하는 생명줄이다. 따라서 한 번도 서거나 옆으로 빠지지 않고, 수많은 공정에서 수천 개의 부품이 작업자들에 의해 정해진 속도로 작업표준을 준수하며 직행하는 것이 필요하다. 이를 위해 지휘명령 체계가 엄격하고, 기본과 원칙을 지키는 근로질서가 다른 산업보다 강한 것이 특징이다. 여기에 더해 컨베이어 벨트의 일관공정이라는 특수성 때문에, 정서적으로 연대감과 동료애가 강해야 한다. 컨베이어 속도가 일정하고 작업량이 정해져있어, 흐름에 차질이 생기면 동료가 힘들거나 불량률이 오르게 된다. 그래서 동작이 느리거나 개인 사정으로 빠진 동료를 배려해야 하는 동료의식이 강해야 한다.

◀ 로봇이 차체 용접을
하는 보디라인

기업의 흥망이 노사안정에 달려있는 산업

자동차제조업은 수많은 근로자가 한 사업장에 몰려있다. 거기다 거친 금속과 기계를 다루기 때문에 남성 중심의 고용환경으로 노사분규가 여타 산업보다 많다. 세계 유수의 기업이 망한 이유가 대부분 노사분규로부터 시작되었다. 영국의 자동차산업이 모두 망해 외국기업의 생산기지로 남은 것은 파업으로 멍든 '영국병'이 원인이었다. 마찬가지로 미국 GM과 크라이슬러가 모두 망한 배경에는 GM과 같이 노조의 압력으로 퇴직자에게 1백억 달러의 부담이 되는 연금과 의료보험으로 차 한 대당 1,500달러의 원가 부담을 이겨낼 수 없었기 때문이다. 한편 세계 초일류기업 도요타자동차는 60여 년간 무분규를 이어오며, VW그룹도 선진 노사문화의 전형적인 모델로서 서로 세계 1위의 자리를 두고 다투고 있다.

2. 자동차 관련 산업

▌폭 넓은 전후방 산업연관성과 파급효과가 큰 특성

 자동차 관련 산업으로는 전방산업으로 철강, 금속, 유리, 고무, 플라스틱, 섬유, 고무 등의 소재산업과 시험 연구 및 제조 설비산업이 있고, 후방산업으로 이용부문의 여객운송, 화물운송, 렌트 리스, 주차장 등 운수 서비스산업, 판매·정비부문의 자동차 판매 및 부품·용품 판매, 정비 등의 유통 서비스 산업이 있다. 관련 부문으로 정유, 윤활유, 주유소, 보험, 할부금융, 의료, 스포츠, 레저에 이르기까지 폭넓은 산업연관성과 파급효과를 갖는 특성을 가지고 있다.

철강 다소비 산업 - 연간 자동차용 철강은 1억 톤

자동차의 재료 중 철강 비중은 차량 중량의
70%를 넘는다. 차체 강판만 평균 1톤이 들어간
다. 소나타에는 약 9백kg의 강판이 소요된다.
트럭을 포함한 연간 8천만대 자동차 생산에는
연간 1억2천만 톤의 철판이 필요하기 때문에 세계 최대의 철강 다소비
산업이다. 따라서 자동차산업의 발전을 위해서는 반드시 철강 산업의
뒷받침이 있어야 한다. 바로 현대자동차그룹의 성장기반에는 '쇳물에
서 자동차까지'의 종합제철 일관 계열구조로 현대제철이 있다. 또한
포스코는 글로벌 자동차메이커에 강판 판매량만 약 천만 톤에 이르
며, 이는 포스코 전체 판매량의 25%를 차지하고 있다.

자동차용 강판은 대부분 0.6~1.2mm의 박판을 사용하며, 경량
화, 가공성, 내구성, 충돌 안전성 및 환경 친화성이 요구되는 특성을
만족시켜야 한다. 강판 종류는 열간 압연강판과 냉간 압연강판 중
자동차용 패널에 사용하는 박판은 대부분 냉연제품이다. 표면이
곱고 매끄러우며 스케일이 발생하지 않고, 프레스 가공이 용이하
다. 앞으로 많이 쓰일 고장력 강판은 차체 경량화 및 내충격성 향상
을 위해 철강 재료에 규소, 니켈, 크롬 등의 원소를 첨가하여, 차체
중량을 약 30~40% 감소시키는 효과를 나타낸다.

타이어 산업 - 전적으로 신차와 교체 수요에 의존

타이어는 자동차 성능에 최종적으로 관련되어 조종 안정성, 제동
력, 승차감, 소음 등 안전과 감성에 직접 영향을 준다. 타이어 수요
는 전적으로 자동차 수요에 의존하며, 신차용 타이어(약 25%)와 교체

용 타이어(75%) 수요로 교체용 타이어의 비중
이 높다. 따라서 경기가 침체되어 신차수요가
줄어도, 교체용 타이어 수요가 증가하기 때문
에 비교적 안정적인 매출을 유지하며 초창기
부터 자동차산업과 밀접한 관계를 가져 왔다. 또한 타이어 산업은
공장 건설에 상당한 투자비와 오랜 기간이 소요되는 자본집약적인
장치산업으로서 진입장벽이 높다.

타이어 주요 원재료는 천연고무, 합성고무, 타이어코드지, 카본
블랙 등 각종 고무 배합제 및 와이어 등으로 구성된다. 따라서 제품
매출원가의 약 50% 이상을 차지하는 원재료의 가격변동은 고무나
무 작황 및 합성고무 업체의 공급능력에 영향을 많이 받는다.

글로벌 타이어시장에서 2020년 세계 순위는 1위 브릿지스톤(일), 2
위 미쉐린(프), 3위 굿이어(미), 4위 콘티넨탈(독), 5위 스미토모(일), 6위
피렐리(이), 7위 한국타이어(한), 8위 요코하마(일), 9위 ZC Rubber(중),
10위 Maxxis(대만)이고, 20위 안에 18위 금호타이어(한), 20위 넥센타
이어(한)이 있다.

석유화학산업과 밀접한 연관관계를 갖는 산업

자동차는 석유를 먹고 달린다. 내연기관의 연료인 가솔린, 디젤,
LPG 대부분과 수소, 윤활유 등이 원유를 정제하는 과정에서 나오
고, 자동차 소재의 상당 부분이 원유의 정제, 분리, 추출, 여과 등의
공정을 통해 나온 석유화학 산업의 산물이다. 이 밖에 자동차 타이
어, 자동차용 도료, 전기차 시장 확대에 따른 배터리도 화학산업에
그 뿌리를 두고 있다.

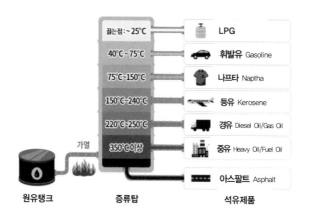

끓는점: ~ 25℃		LPG
40℃~75℃		휘발유 Gasoline
75℃~150℃		나프타 Naptha
150℃~240℃		등유 Kerosene
220℃~250℃		경유 Diesel Oil/Gas Oil
350℃이상		중유 Heavy Oil/Fuel Oil
		아스팔트 Asphalt

가열

원유탱크   증류탑   석유제품

기계공업의 꽃에서 전자와 IT가 결합한 융합산업

자동차산업은 생산 공정의 특성상 조립 금속과 수송기계 제조업이다. 기계 제조는 고도로 정밀성이 요구되는 '도구(Tool)'가 생산의 중심이 되기 때문에 자동차산업은 '기계공업의 꽃'으로 부른다. 그러나 전자 산업의 발전으로 자동차의 전자화 부품 비중이 확대되고 공장자동화의 추세에 따라 기계와 전자 기술이 결합한 메커트로닉스와 자동차의 핵심부품인 카 일렉트로닉스의 비중이 늘어나, 이제 자동차산업은 융합공학의 전형이라고 할 수 있다. 앞으로 세계 자동차 시장을 재편할 전기차, 자율주행차, 커넥티드 카 등이 미래형 자동차의 핵심으로 급부상하고 있어, 전장 분야는 더욱 비중이 커지고 융합의 정도는 높아질 것이다. 다만 IT와 기계 공업의 융합에서 기존의 관성 때문에 IT 업계가 진입하기엔 자동차 산업계의 벽이 높고, 완성차 업계가 전자사업화로 변신하기엔 소프트웨어의 기술 경쟁력 확보가 쉽지 않다.

전장부품과 반도체 의존도가 계속 높아지는 산업

전장부품은 자동차에 들어가는 각종 전기·전자장치와 IT장비를 총칭하는 개념이다. 앞으로 자율주행, 배터리, 인포테인먼트, 모빌리티 서비스 등 IT 융합기술이 더욱 확대되고 있다. 이를 반영하듯 독일의 자동차산업 분석 전문기관인 롤랜드 버거는 2019년 내연기관 자동차 원자재 비용에서 84%를 차지했던 기계부품 비중이 2025년 배터리 전기차에서는 65%로 감소할 것으로 추정하고, 반면 전장부품이 차지하는 비중은 16%에서 35%로 증가할 것으로 전망하고 있다. 이 가운데 자동차에 들어가는 반도체는 현재는 2백여 개로 자동차 평균 원가의 2%(약 470달러)를 차지하지만, 자율주행차에는 2천여 개가 들어가 원가도 8~10%에 이를 것이다. 이제는 반도체 없이 전장화와 자율주행의 진전은 불가능해졌다.

애프터 마켓 관련 산업

자동차산업은 자동차 판매 후에 일어나는 보험, 렌트, 리스, 할부금융, 중고차 판매, 부품 판매, 정비, 용품, 튜닝, 폐차에 이르는 각 단계의 시장규모와 수익의 총 규모는 완성차 생산보다 2~3배에 이른다. 여기에 자동차운송과 물류, 에너지 공급 등 관련 산업을 포함하면 비즈니스 모델은 더 커진다. 이것은 연간 세계 신차 판매 시장이 2020년 8천만 대이고, 세계 보유대수는 15억 대이기 때문이다. 한편 2030년 모빌리티 산업이 성장하면 자동차산업 전체매출 중 새롭게 등장하는 차량 공유, SW 관련 부품, 디지털 서비스 관련 비중은 2015년 3%에서 2030년 19%까지 증가하고, 이익 비중은 4%에서 36%까지 증가할 것으로 전망하고 있다.

3. 자동차부품의 분류와 규모

자동차부품과 산업 분류

자동차 부품은 무려 2~3만여 개의 부품에다가 종류도 수천 종에 이르러, 부품산업을 명확히 구분하기는 어렵지만, 한국표준산업 분류기준(KSIC)에서 자동차 부품산업은 자동차를 구성하는데 필수 불가결한 부품, 즉 전용부품에 한정된다. 따라서 자동차용 유리, 범용 전기·전자부품 등은 자동차산업의 범주에서 제외된다. 타이어의 경우는 필수불가결한 부품이긴 하지만 자체 시장 규모가 워낙 크고, 재료 특성상 고무제품 관련 산업으로 분류한다.

▼ 자동차 부품의 분류

제 조 공 정	주조품, 단조품, 기계가공품, 프레스가공품, 조립품
투 입 소 재	철강품, 비철품, 고무, 섬유제품, 플라스틱, 전장품
사용호환성	자동차 전용품, 일반 범용품, 요소품
생 산 주 체	자작부품(MIP), 외주부품, 수입부품
용　　도	생산용 부품(OEM), 보수용(A/S) 부품
품 질 보 증	순정부품(Genuine Part), 비 순정부품
조 립 단 위	완성품(CBU), 중간분해부품(SKD), 완전분해부품(CKD)

보수용 자동차 부품과 자동차 용품

보수용 부품은 2만여 부품 중 3~4천개가 되는데, 유통경로와 순정부품 여부로 구분된다. 보수용 부품의 특징은 첫째, 수요예측의 어려움이 크다. 보수용 부품의 수요는 신차증가, 교통사고, 계절적인 요인, 부품의 품질 등에 따라 달라지기 때문이다. 둘째, 다종다양한 자동차의 종류, 10년 이상의 긴 사용 기간, 1대당 5천여 점의 부품, 모델이나 설계의 잦은 변경으로 인한 사양증가 등으로 단종 차종까지 포함하면 현대자동차의 경우 취급 종류는 거의 1백만 종류에 다다른다. 셋째, 상시구비와 장기보급의 필요성이다. 아무리 오래된 차라도 차가 있는 곳이면 전 세계 어디라도 언제나 신속하게 또 값싸게 공급할 수 있어야 한다.

자동차 부품이 자동차의 유지보수에 필요한 구성부품이라면, 자동차용품(Auto Accessory)은 자동차를 보다 안전하고 쾌적하고 또 아름답게 보이기 위한 부품이라 용품이나 액세서리라고 부른다. 용품은 매우 종류가 많으나 크게 차내 용품, 차체 용품, 보안 용품, 손질 용품, 화학용품, 공구, 소모부품, 운전 용품, 오디오/비디오 용품, 스포츠용품 등으로 나누어진다.

▼ 자동차 용품의 종류

차 내 용 품	쿠션, 매트, 시트커버, 핸들커버, 콘솔박스, 소아용 의자, 어린이용 시트벨트, 햇빛가리개, 방향제, 공기청정기
차 체 용 품	미러, 휠 캡, 안개등, 스톱램프, 와이퍼, 안테나, 범퍼가드, 차량 커버, 접지체인, 휠 커버, 스포일러, 에어댐, 데크
안 전 용 품	소화기, 경보기, 경보등, Defroster, 비상용 해머, 스노체인
A / V 용 품	CD카세트, CD체인저, 멀티비전, 내비게이션, 스피커
손 질 용 품	먼지떨이, 브러시, 물통, 진공청소기, 왁스, 클리너, 페인트
스 포 츠 용 품	스키 랙, 텐트, 윈치, 캠핑용 매트

자동차부품은 8천만 대 신차시장과 15억 대 서비스시장

세계 자동차 부품시장의 규모는 이는 전적으로 매년 8천만 대 이상 공급되는 신차시장과 15억 대를 넘는 보유대수에 의존한다.

따라서 자동차산업의 흐름과 같은 궤도로 움직인다. 이런 거대한 OEM과 A/S 시장에서 자동차부품 기업은 생존을 건 치열한 경쟁을 하고 있다.

2020년을 기준으로 오토모티브 뉴스에서 발표한 100대 부품회사 중 한국기업은 현대모비스(7위), 현대위아(36위), 현대트랜시스(38위), 한온시스템(46위), 만도(47위), 현대케피코(91위) 등 현대기아차에 납품 기업이 차지하고 있다. 2018년 100대 차량 부품회사 중 일본은 덴소, 아이신, 야자키를 비롯한 23개, 미국은 리어, 애디언트, 보그워너 등 23개사, 독일도 보쉬, 콘티넨탈, ZF, 티센크루프를 포함한 19개 회사가 100위 안에 들었다. 이 3개국이 100대 자동차 부품회사 중 65개를 차지한다. 특히 10대 부품회사는 보쉬, 덴소, 마그나(캐나다), 콘티넨탈, ZF, 아이신, 현대모비스 같은 업체의 서열이 고착화되고 있다.

4. 자동차부품산업의 특성

▌자동차산업의 기초이며 중간재 공업, 다양한 종류와 기술

자동차 부품산업은 자동차산업과 분업적 생산체제를 형성하고 있으며, 소재공업, 전기전자공업, 석유화학공업 및 기계공업 등과 긴밀한 관계를 가지고 자동차산업 발전에 중요한 역할을 하는 기초산업적 특징을 가진다. 또한 소재산업을 전방으로 하고 완성차 산업을 후방산업으로 하여 폭넓은 산업연관 효과를 발생시키는 '중간재 공업'으로서 자동차의 생산과 보유에 전적으로 의존하게 되며 수요자인 완성차업체와 생산, 판매, 가격 결정, 기술지원 등에 있어 밀접한 관계를 갖는다.

자동차는 단순 부품에서 고도의 정밀가공부품에 이르기까지 다양한 품목이 있어 소재, 공정, 규격, 정밀도, 공학적 기초가 다종다양하다. 따라서 분업구조와 전문화를 필요로 한다. 기능 부품 공급기업은 엔진 부품, 변속기, 차축, 제동장치, 조향장치 등을, 요소부품 공급 기업은 스프링, 볼트, 너트, 와셔, 와이어, 오일 실 등을, 전문부품 공급 기업에서는 유리, 배터리, 베어링, 전장품, 내장재, 호스, 타이어를, 공정 중심 공급 기업은 단조, 주조, 금형, 프레스, 도장, 열처리 등을 분업 생산하고 있다. 특히 공정 중심 부품은 뿌리산업에 그 기초를 두고 있다.

▼ 자동차산업의 생태계

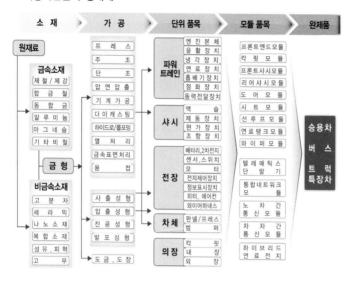

중층의 분업구조와 계열화

완성차업체는 전략적, 경제적 이점을 고려하여 부품에 대한 자체 생산과 외주생산을 결정하고, 분업과 계열구조에 따라 그룹계열사나 모듈 업체는 0.5차 또는 1차 업체(Tier)라 부르고, 1차 업체에 납품하는 2차 업체, 2차 업체에 납품하는 3차 업체로 나눈다. 또 완성차 업체에 직접 납품도 하고, 1차 업체에도 납품하는 경우도 있어 1차, 2차의 구분도 반드시 명확한 것은 아니다. 계열 구조상 조립업체인 완성차회사와 부품업체는 하나의 운명공동체이다. 또 부품업체는 생산물량과 기술개발의 약 80%가 완성차 모기업의 요구나 사양에 맞춰 추진된다. 이는 협력사의 일감 안정과 물량확보에는 좋으나, 자동차 시장이 위축되거나 모기업이 어려워지면 동반 하락할 수밖에 없다.

부품업체 규모의 다양성

기업 규모는 종업원이 50명 이하의 소규모 영세기업부터 1만 명이 넘는 대기업까지 격차가 대단히 크다. 또 부품의 전업 도에 있어서도 전문 메이커가 다수 있는 반면, 전기전자나 기계 부품 메이커는 사업 일부가 참여한 경우도 있다. 현대자동차그룹의 거래 기간이 길기 때문에 경우 1차 협력사를 보면 대기업, 중견기업, 중소기업의 수가 거의 비슷하게 형성되어있다. 거래 기간이 길기 때문이다.

2019년 말 현재 자동차회사(현대, 기아, 한국지엠, 르노삼성, 쌍용, 자일대우버스, 타타대우)와 직접 거래하고 있는 1차 협력업체수는 824개사(매출액기준, 대기업 269개사, 중소기업 555개사)이다. 2차 이하를 포함하면 4,419개에 종사자는 25만 명, 생산액은 100조원이다. 1차 협력업체 기준 매출액은 76조 1141억원(OEM 50조 6,312억 원, 보수용 3조 5,442억 원, 수출 21조 9,387억 원)이다. 국내 자동차부품 수출실적은 총 225억 달러를 달성하였고, 자동차부품 수입실적은 53억 달러였다.

내·외제 정책과 부품개발 방식의 다양화

완성차업체의 입장에서 외주정책과 비율은 생산전략, 기술개발, 투자전략상 중요한 경영정책이 된다. 자가 생산(MIP)부품 또는 계열회사 부품은 자동차의 성능에 직접 관계되는 엔진, 변속기 등의 주요 기능부품과 자동차 외관 품질에 영향을 대형스킨 패널, 그리고 자체 생산 시 수익성이 높은 부품이다. 반면에 외주조달 부품은 주로 노동집약적 특성으로 비용 절감효과를 가져오는 부품과 전장품, 요소 부품, 고무 제품, 유리 제품과 같이 해당 분야의 전문기술업체가 생산하는 것이 유리한 경제적인 부품이다.

완성차 업체는 수많은 부품을 조립하는 회사일 뿐 원천기술을 갖는 것은 쉽지 않다. 즉 완성차기술의 핵심은 대부분 부품회사가 보유한다. 이 기술을 어떻게 갖느냐는 누가 설계하느냐에 달려있다. 설계나 개발방식은 크게 4가지로 나뉜다. 완성차가 주도하는 대여도 방식은 흔히 화이트박스, 위탁도와 같이 협업이면 그레이박스, 부품업체가 주도하는 승인도는 블랙박스라고 부르는데, 다국적 부품기업의 전자제어, 전장, 고도기능 부품은 대부분 블랙박스가 된다.

이런 분류는 기술 수준이나 특허 여부 또는 기밀 유지에 따라 구분한다. 첫째, 설계 대여도 방식은 완성차업체가 상세 설계도면을 설계하면 그 도면을 건네받아 소재를 단순히 가공생산만 한다. 이들을 대여도 메이커라 하며 설계기능이 없어, VE활동의 원가절감은 불가능하여 생산 관련 원가절감에 집중해야 한다. 둘째, 위탁도 방식으로 완성차업체가 기본설계를 하고 부품업체가 상세설계 행하는 방식으로 도면을 완성차업체가 소유한다. 셋째, 승인도 방식으로 신제품 개발 초기 콘셉트설계를 함께하여 부품업체가 스스로 설계하고 생산하거나 완성차 업체가 부품의 기본설계를 하고 부품업체가 상세설계를 하여 설계도면을 소유하고 완성차업체의 승인을 받는 것으로 부품업체는 부품 품질에 대해 책임을 진다. 주로 기능 부품에 많으며 국내의 자동차 업계는 주로 승인도 방식을 많이 채택하고 있다. 넷째, 시판품 방식으로 부품업체가 독자개발 후 시판되는 부품을 구매하는 방식이다.

생산의 동기화와 서열공급

완성차의 생산에 맞추어 부품공급을 동기화하는 것은 오랫동안 자동차산업이 추구해 온 이상이다. 여기서 생산의 동기화란 차량 투입순서에 따라 완성차의 생산 공정과 부품공급 간의 유기적인 정보전달이 이루어져 부품의 생산 공급과 완성차의 생산이 연속적으로 이루어지는 것을 말한다. 이렇게 되면 재고가 필요 없을 뿐만 아니라 생산효율을 극대화할 수 있게 된다. 도요타의 JIT 조달방식이 생산의 동기화를 통해 재고를 없애고 부품공급시스템의 효율성을 높인 대표적 사례이다.

동기화를 위한 부품공급시스템은 정보시스템의 지원이 전제가 된다. 완성차업체의 정보시스템에 의해 생산계획을 생산라인에 전달하는 ALC 시스템을 쓰고 있다. 이 시스템은 모든 부품업체까지 전달되는데 승용차 조립 공장을 중심으로 차체 공장, 도장 공장, 엔진 공장에 정보를 전산 단말기를 통하여 입력하고 중앙에서 분류하여 각 연관 작업장에 제시하는 중앙 집중식으로 생산 소요량을 판단하고 협력업체에 부품공급 요청 수량을 통보함으로 협력업체와도 JIT시스템 생산이 가능토록 계획하였다.

부품을 생산라인에 바로 투입하는 서열공급은 부피가 커서 재고비용이 많이 드는 시트, 크래시 패드, 도어트림, 머플러, 범퍼, 사이드미러에 이제는 소형품목까지 확대되고 있다. 현대자동차의 경우 일일 납입지시에 의해 납품이 이루어지는 서열 부품이 전체 부품의 약 80% 수준에 이르고 이 가운데 MRP방식이 30%, 서열방식이 50%를 차지하며 사내서열과 부품업체 직서열이 있다.

경쟁 입찰제와 복사발주 제도에서 경쟁력이 생존요소

자동차 업계의 납품 계약은 경쟁 입찰제가 일반적이다. 경쟁 입찰제에서 부품업체는 부품단가와 3년간 단가인하 계획이 포함된 견적서를 제출한다. 완성차업체는 부품업체가 제출한 견적서에서 3년간 총 부품구매금액을 계산하여 그중 최저가를 제시한 업체를 선정한다. 입찰에서 업체와 단가가 최종 결정되는 것이 아니라 업체선정 이후 부품업체는 완성차업체가 계산한 설계 원가를 바탕으로 한 목표 원가를 제시받고 단가를 협상한다. 단가가 결정되고 계약이 성립된 이후에도 부품업체가 제출한 계획에 따라 단가가 인하되고, 부품업체의 생산성 향상으로 매년 정기적으로 단가인하가 추가로 이루어진다.

발주에 있어서도 일본의 경우 하나의 부품업체에 대해 기술적 연관성이 있는 몇 개의 부품을 묶어 발주하는 복수 발주가 일반적인 반면, 한국의 경우 동일한 부품을 복수의 부품업체에 발주하는 복사발주가 주로 시행된다. 이런 복사 발주는 부품업체 간 납품 경쟁을 유발하여 가격 통제력을 높이고, 노사관계가 불안정한 부품업체 노조에 물량감소와 거래선 전환을 무기로 압박을 가하는 장치가 되기도 한다.

모듈화 확대에 대응하는 전략 필요

모듈화란 '자동차 조립에 투입되는 부품 숫자의 감소 정도'를 나타내는 단순한 정의도 있지만, 복수의 부품이 결합하여 새로운 시스템으로 통합되는 것을 말한다. 즉 기능통합, 신소재, 신공법 등의 새로운 요소기술이 요구되는 것이다. 지금까지 부품업계의 경쟁은 부품업체 간의 경쟁이었지만 앞으로는 모듈업체 간 경쟁과 전문 단품업체 간의 경쟁으로 나누어질 것이다. 생산과 조달능력에 원천 기술을 더하고 시스템 능력까지 갖춘 시스템 통합사가 완성차의 부품개발과 조립기능을 양도받는 '0.5차 공급자' 같은 기업이 가장 앞선 형태의 부품업체로 발전해 갈 것이다.

▌모기업의 원가인하 요구에 대응하는 능력 구축

자동차부품사의 수익성은 기본적으로 원자재 가격의 변동과 완성차업체의 원가절감 노력에 노출되는 구조를 갖고 있다. 특히 다수의 중소 자동차부품업체가 제한된 수의 완성차업체들에게 제품을 공급하기 때문에 납품업체간 경쟁에 따른 납품단가 인하 가능성도 항상 있다.

또한 자동차업체는 매년 부품공급자에게 납품가격의 인하를 요구하고 엄격한 품질수준을 요구하고 있다. 부품업체의 광범위한 내부 구조조정의 혁신 노력과 원가절감 프로그램에 의한 수익성 증가가 요구되지만 한편으로는 모기업과 교섭확보가 중요하다. 즉, 시장상품이 아닌 모기업의 고객 상품이므로 고객의 요구품질, 요구 가격, 요구납기의 충족능력을 언제 어떠한 상황에서도 가져야 생존하고 성장할 수 있다. 바로 완성차나 1차 협력사가 공급사와 맺은 단가 인하계획이나 희망하는 원가인하(CR) 요구 분만큼 원가절감을 할 수 있어야 생존이 가능한 것이다.

현대차그룹의 협력업체 평가기준과 선정

자동차산업에 있어 가장 두드러진 특징 중의 하나는 완성품업체와 부품업체간의 협력적 거래관계이다. 성공적인 협력관계를 지속적으로 유지, 발전하기 위해서는 가격, 품질, 납기준수와 같은 정량적인 평가기준 뿐만 아니라 기업 간의 경영 및 문화의 호환성, 장기적인 계획, 안정적인 재정, 설계능력 및 요소기술, 지리적 근접성 등과 같은 정성적인 평가기준도 충분히 고려되어야한다. 현대차그룹의 협력업체 평가기준은 6개의 항목(평가치 비중 순서-가격, 품질, 납기, 서비스, 생산기술, 공신력)의 세부적 항목 별 가중치 평가로 업체를 복수 또는 단수로 선정하고, 업체 2원화를 통해 물량을 배분한다.

업체선정과 단가결정은 크게 경쟁 입찰구매, 전략 심의구매, 단가 수의구매의 3가지 방법이 있지만 또 이를 혼용하는 경우도 있다. 이 가운데 가장 많이 시행되는 경쟁 입찰은 부품업체는 부품단가와 3년간 단가인하 계획이 포함된 견적서를 제출하면 완성차업체는 최저가를 제시한 업체를 선정한다. 선정된 업체와의 최종 단가는 협상을 통해 최종 결정하고, 부품업체의 생산성과 영업이익 규모 등을 감안하여 매년 단가인하(Cost Reduction)가 추가로 이루어지기도 한다. 이런 완성차업체와 1차 업체, 1차 업체와 2차 업체의 도급거래에서 이루어지는 단가결정과 변경은 크게 재료비, 가공비, 일반관리비와 이윤, 연구개발비, 금형개발비 등 5가지 원가요소를 검토하여 조정된다. 단가결정 방법은 모든 부품업체에 일률적으로 적용되는 것이 아니라 부품업체의 특성에 따라 비율이 조정된다.

자동차 부품업체 7가지 생존 요소

자동차 부품업체가 생존하려면 적어도 다음 7가지 생존 요소를 지켜야 한다. 1) 양산규모 확대와 비용절감, 설비가동률과 생산기술에서도 강점을 가져야 한다. 경쟁력의 핵심은 원가이다. 언제나 CR이 용이한 비용 경쟁력을 가져야 한다. 2) 물건 만들기의 고유기술과 개선의 진화능력(DNA)을 가져야 한다. 공장개선 활동이 끊임없이 지속되고, 뿌리 깊게 정착되어 있어야 한다. 3) 전 직원과 노사 모두 한 방향으로 가는 팀워크와 사상통일이 이루어져야 한다. 위기의식과 노사 협력으로 원 팀이 되어야 한다. 4) 기업 특유의 성장 역량을 끊임없이 키우고 집중 개발해야 한다. 성장 전략으로서 △탁월한 기술과 제품 △모기업 동반성장 △동반 해외진출 △모듈화 △글로벌화(시장, 기술, 자본, 생산, 부품조달) △AS시장 진출 △인수합병을 통한 생존 등 다양하다. 5) 자동차 품질은 바로 부품 품질이고 작업 품질이다. 즉 자기 공정에서 각자 완결하는 의식개혁이 뿌리내려야 한다. 또한 최고 등급(5스타) 품질인증을 획득하고, 2차 협력회사가 SQ 인증 등을 받도록 기술, 품질, 비용절감의 기법을 지도해야 한다. 6) 기업을 강한 체질로 변화시키고 혁신하려면 가장 중요한 것은 기업혁신이고 바로 변하지 않으면 그 기업은 사라진다는 것을 알아야 한다. 7) CASE 혁명에 모든 임직원이 이 흐름을 인식하고 어떤 형태로든 참여해야 한다. 이런 혁명적 변화의 기회에 디지털로 사업전반을 전환시켜야 한다.

5. 자동차산업의 경영 특성

▌'질 높은 자동차 생활문화의 창출'이 자동차 기업의 존재이유

'기업의 존재 이유는 무엇인가?' 바로 기업의 영속과 번영을 보장하며 생존 조건이 되는 '이윤을 창출하는 조직'이 그 존재 이유일 것이다. 그러나 기업은 반드시 이윤만을 창출하지는 않는다. 현대자동차는 고객에게 '자동차'라는 제품을, 스타벅스는 '커피'라는 가치를 제공하는 조직이다. 즉 현대차그룹과 수많은 협력업체는 매년 전 세계 8백만 구매 고객에게 최고로 만족하는 품질, 가격, 납기, 서비스의 제품을 제공하는 것이 존재 이유이고 목적이다. 더 나아가 사람들은 자동차를 구매하며 개성과 '자동차 생활의 질(Quality of Car Life)'을 향상시키려는 욕구를 갖는다. 따라서 '질 높은 자동차 생활문화의 창출'은 자동차기업이 추구해야 할 본질적인 존재 이유가 되어야 할 것이다.

▌모빌리티 혁명의 시대, 자동차업의 본질은 혁신이다.

업의 본질이란 업의 구성요소, 특성, 지향점, 성패의 판단기준, 경쟁력의 핵심 등을 관통하는 개념이라고 할 수 있다. 삼성전자의 고 이건희 회장은 업의 본질을 늘 강조하며 시계는 패션 산업, 백화점은 부동산업, 호텔은 장치산업, 가전은 조립 양산업, 반도체는 시간에서 승부가 나는 시간 산업이라는 통찰을 보여줬다. 이러한 통찰은 기업의 임원들이 옳은 의사결정을 할 수 있게 만든 강력한 무기였고, 단숨에 삼성이라는 기업을 세계 일류 기업으로 성장시킬 수 있었다.

오늘날 자동차산업은 부품가격으로 보면 전기전자업에 가깝다. 테슬라의 등장으로 자동차산업은 이제 '바퀴 달린 아이폰'이며 움직이는 거대한 컴퓨터로 IT기업처럼 인식되기도 한다. 최근 테슬라 쇼크가 보여준 것은 테슬라로부터 모빌리티 혁명이 이미 시작되었다는 것이다. 자동차는 단품 업종이 아닌 복합 업종의 산물이다. 즉 전통제조업과 디지털 IT업의 조화, 수많은 기술과 공정의 융합, 노조와 협력업체의 협력, 사내 조직의 팀워크, 제품개념과 일하는 방식의 변화 등은 관통하는 업의 본질은 모빌리티 혁명의 시대를 맞아 모든 것을 융합하고 협력하며 새로움을 추구하는 혁신이 본질이 되는 '자동차는 혁신산업'이어야 할 것이다.

사회성이 높은 안전 철학과 품질이 중요

자동차는 개인의 소유물이면서 사회 전체가 공유하는 사회성을 가지고 있다. 따라서 '안전한 차, 깨끗한 차, 편리한 차', '값싸고 품질 좋은 차'가 자동차 기업이 지향해야 할 과제이다. 특히 자동차를 만드는 일은 사람의 생명을 책임지는 일이다. 무엇보다 '안전이 먼저'라는 경영철학이 생산라인의 작업자에서 경영층까지 철저히 뿌리내려야 한다. 즉 자동차에 있어 변하지 않는 진리는 생명존중의 안전 철학과 품질 그리고 가격이지만 그 가운데 가장 중요한 절대가치는 안전이다. 품질이나 안전은 결코 타협하지 않는 것이 자동차기업의 철학이 되어야 한다.

세계 고객을 향한 글로벌 추구

자동차산업은 전형적인 글로벌산업이다. 즉, 전 세계시장과 각국의 소비를 대상으로 조향 방식과 환경기준 등에 약간의 차이는 있으나 거의 동질적인 제품을 연구개발·생산·판매하는 산업이다. 즉 세계 최대의 교역상품으로서, 교통과 통신의 발달로 세계가 하나의 지구촌으로 가까워지고, 사회와 문화의 가치관이 동질화되면서, 수요패턴과 기호가 같아져 가는 국제적 상품의 특성이 있다. 따라서 글로벌 기업으로서 전 세계 고객의 니즈에 맞는 제품을 개발하고, 모든 부문에서 글로벌 경쟁력을 가져야 하며, 글로벌 경영마인드와 소통능력을 가지고 있어야 한다.

자금력이 강해야 생존

자동차산업은 '투자로 시작해서 투자로 끝난다.'고 한다. 자동차 제조 설비와 신제품 개발은 물론 연구개발에도 막대한 투자를 끊임없이 하지 않으면 안 된다. 이때 투자는 동종 타사나 타 업종 기업을 인수하는데도 엄청난 돈이 들어간다. 여기에다 부품개발에 필요한 협력회사의 지원이나 판매망 확보에 필요한 투자가 있고, 원재료 조달 비용, 임금 지급, 재고 비용, 판매금융 등의 운전자금도 필요하다. 결국 자동차 경영의 경쟁력은 자금력에 따라 달라질 것이며, 이것은 자금 조달, 자금 운영, 수익확보 및 원가 우위 능력에 달려 있다.

진화능력의 축적과 탁월한 혁신이 필요

자동차산업은 '축적의 시간'이 중요하다. 개념설계와 진화능력, 발상전환과 문제해결 능력, 수없이 많은 시행착오와 학습능력이 모여 축적된 경험 지식과 기술의 양과 질이 기업의 자산이 된다. 고도의 기술과 노하우를 바탕으로 수만 명의 인적자원과 대규모의 자본과 설비, 수천 개의 부품이 수많은 공정에서 결합하여 만드는 것이 자동차 경영의 특성이며, 바로 '물건 만들기'의 전형이다. 따라서 자동차기업은 도요타 생산시스템 같은 탁월한 개선능력과 끊임없는 진화능력으로 경쟁기업보다 축적의 시간을 압축하여야 경쟁력 있는 기업으로 성장할 수 있다.

또한 자동차기업은 일정한 수준의 품질과 고도의 기술력, 자본력, 마케팅 능력을 가져야 세계적 경쟁시장에서 살아날 수 있다. 따라서 변화하는 환경과 고객의 요구 등에 대응하여 경영방식, 조직, 제품, 업무 프로세스 등을 세계적 수준으로 변화시키는 능력, 즉 탁월한 혁신력이 있어야 한다. 혁신을 위해서는 세계 선진 기업의 제품개발, 생산시스템, 유통시스템, 관리기술 등 기업경영의 여러 분야에서 베스트 벤치마킹이 되도록 고도의 경영 노하우를 끊임없이 개발하고 앞서가지 않으면 생존하기 어렵다.

모든 임직원의 사상 통일과 팀워크가 필요

하나의 완성차가 만들어지려면 2~3만여 개의 부품이 사내·외에서 만들어진다. 승용차는 40~60초에 한 대씩 생산되는 컨베이어 라인을 20시간 흐르며, 수천 명의 작업자 손을 거쳐야 한다. 또한 컨베이어 라인에는 수 천종의 부품을 공급하는 협력업체가 하나로 연결되어 있다. 따라서 협력기업과의 파트너십은 물론 완성차업체의 노사 화합이 절대적으로 필요하다. 이렇게 자동차기업은 수천수만 명의 종사자들이 한데 뭉쳐, 고도의 시너지효과를 내고,

개선 아이디어를 창출하는 소통과 화합이 필요함은 물론, 같은 생각, 같은 방향, 같은 목적을 향해 나아가는 '언어와 용어의 통일 더 나아가 사상 통일'이 이루어져야 한다.

특히 제품개발의 경우에는 수 년 간 수백 명의 마케팅 요원이 판매과정에서 전 세계 고객과 시장의 동향을 읽어내고, 거기서 요구하는 스타일링, 디자인, 성능, 품질을 연구개발과 기획부문에 피드백 해야 한다. 이어 관련자들이 모여 기술적 특성, 보유 기술, 중장기 기술전략, 투자비, 원가, 요구 품질, 생산설비의 한계와 특성 등 수많은 요소를 종합적으로 고려한다. 이어 수백 수천의 관련 인원이 광범위한 커뮤니케이션과 피드백을 거치며, 최고경영진의 직관과 통찰력으로 개발 프로젝트를 진행해 간다. 바로 활발한 의사소통과 아이디어의 교환이 성공의 핵심이 된다.

고객의 생애 가치가 높아 충성 고객의 확보가 중요

'한번 거래한 고객의 충성도에 변함이 없다면 한 대에 2만5천 달러의 차를 평생 12대를 사게 되고, 부품과 서비스 요금을 더하면, 한 사람의 고객은 33만2천 달러의 구매가치가 된다.'고 미국의 렉서스 딜러 칼스웰이 '평생고객'이라는 책에서 소개하였다. 하나의 고객이 일생동안 구매하는 모든 비용을 고객의 생애 가치(Life Time Value)라고 하는데, 자동차는 그 어느 제품보다 크기 때문에 고객 충성도를 높여야 하고, 고객만족도 향상에 주력해야한다.

애프터마켓에서 폭넓은 이익창출

자동차 사업의 이익 풀(Profit Pool)은 제조와 판매뿐만 아니라 할부금융, 중고차 판매, 정비, 부품판매, 렌트 리스, 유류 판매, 자동차보험 등 광범위하며 신차판매 이익보다 할부금융과 같은 애프터마켓에서 더 많은 이익이 창출된다. 한편 보스턴 컨설팅그룹은 부가가치의 변화 보고서에서 자동차산업의 부가가치가 2017년 2,260억 달러가 2035년 3,360억 달러로 1.5배 커지는데 주로 전기차, 자율운전, 커넥티드, MaaS, 금융 등에서 생길 것으로 예측하였다. 결국 자동차 메이커의 수익성은 신차 제조보다 판매금융, 중고차, MaaS 플랫폼 등에서 생긴다는 것이다.

다양한 상품 전개와 사양관리가 중요

자동차는 다양한 고객의 요구에 대응하는 상품전개가 필요하다. 그러나 자동차는 개발기간, 개발비용, 생산비와 관리비용을 감안할 때 이를 잘 기획하고 관리하며 조화시켜야 한다. 하나의 모델에는 차체 형식, 엔진, 변속기, 운전석 위치, 인테리어 그레이드 또는 트림 레벨, 옵션 장비, 차량컬러 그리고 각 국별 인증 요구나 고객기호 또는 특정 품목의 부품 장착 요구에 따라 수백 종에서 수천 종에 이르는 사양의 수가 있기 때문에 사양 관리가 매우 중요하다.

사실 하루 수백 대가 생산되는 모델이라도 같은 사양의 차는 거의 있을 수 없다. 예를 들어 글로벌 모델인 현대 소나타의 경우 차체 5종, 엔진이 7종, 변속기 4종, 운전석 위치 2종, 트림 레벨 3종, 옵션 패키지 10여종, 색상 7종, 수출국별 요구인증 사양 약 10종을 조합하면 1만여 종류가 나올 수 있다. 여기에 공정 라인에 다른 모델과 혼류 생산이 되면 그 만큼 조립과 생산관리가 더욱 중요해진다.

브랜드 가치를 중시하는 경영

소비자는 제품보다 브랜드를 구매한다. 자동차는 고가의 내구성 상품으로서 안전성, 일관성, 성능과 품질 등의 보증을 바로 브랜드가 대표하기 때문이다. 자동차 특히 승용차 브랜드는 제품특성, 품질, 디자인, 이미지, 시장에서의 이점, 더 나아가 소유자의 신분까지 차별화하는 특성을 갖게 된다. 따라서 기업의 동질화 또는 브랜드 정체성(BI : Brand Identity) 프로그램이 제품설계부터 광고 선전에 이르기까지 일관되게 고객에게 전달되어야 하며, 이런 프로그램에 의해 같은 회사 또는 같은 디비전으로 제품이 인식되도록 유럽메이커(Benz, BMW, Volvo, Audi, Jaguar 등)와 현대 제네시스처럼 패밀리 룩 스타일링을 채용한다.

모든 자동차메이커는 자사의 독특한 이미지 즉 브랜드 이미지를 가지고 있다. 볼보는 안전의 대명사다. 도요타 렉서스는 완벽한 품질을 지향한다. BMW는 최고의 핸들링과 주행성능을 자랑한다. VW은 빈틈없는 차로 평가된다. 벤츠하면 명예와 부의 상징이다. 한 조사기관에 따르면 소비자들이 자동차를 살 때 85%는 브랜드를 보고 구매결정을 하며, 단지 15%만 가격을 본다고 한다. 요즘처럼 수백 개의 모델이 경쟁하는 자동차시장은 엔진과 같은 기본 성능은 상당히 평준화되어, 소비자는 브랜드를 보고 차를 더욱 선택하게 된다. 즉 소비자는 이제 제품 자체의 기능보다 감성이나 개성창출 가치의 표현수단으로 구매한다. 바로 브랜드 이미지를 산다고 할 수 있다.

브랜드가 기업의 미래 수익을 창출하는 척도가 되면서 기업경영에 있어 브랜드 전략은 더욱 중요해지고 있다. VW은 유럽에서 타사 동급차종 보다 10%정도 비싸다. 이는 디스카운트하지 않아도 브랜드 이미지가 강하기 때문에 비싸게 해도 잘 팔린다. 바로 강력한 글로벌 브랜드 구축은 장기적인 수익의 원천이 된다.

현대차는 글로벌 브랜드 컨설팅 업체 '인터브랜드'가 발표한 '2020 글로벌 100대 브랜드'에서 종합 브랜드 순위 36위, 자동차 부문 5위를 달성했다. 자동차 부문 1위는 도요타(516억 달러)가 차지했고, 메르세데스-벤츠, BMW, 혼다 등이 뒤를 이었다. 인터브랜드는 매년 세계 주요 브랜드의 재무상황과 마케팅 등 각 브랜드가 창출할 미래 기대수익의 현재가치를 평가해 '글로벌 100대 브랜드'를 선정하고 있다.

▎국제경쟁 전략과 제품경쟁력

자동차는 대표적인 국제화산업이다. 기술, 자본, 판매, 생산 등 기업경영의 모든 분야에서 국경이 무너지고 '세계'라는 하나의 시장에서 누가 살아남느냐 하는 경쟁이 더욱 심화되고 있다. 이러한 생존경쟁에서 살아남기 위해 가장 중요한 것은 국제경쟁력의 확보이며, 결정요소는 내부의 제품경쟁력, 생산체제, 신제품 개발력, 시장지배력과 외부의 국가 산업정책, 임금, 환율, 이자 등의 경제여건 등으로 나누어진다.

이 가운데 제품경쟁력이란 '고객이 그 제품의 어떤 매력에 끌려서 선택' 이란 구매행동을 하는 결과로서 이러한 선택이란 고객의 머릿 속에서 일어나는 복잡한 형상으로 즉, 기업내외의 모든 요인이 복합적으로 반영된 것이다. 이러한 경쟁력의 평가는 제조비용, 조립생산성, 시간당 노무비, 제조품질, 개발생산성, 고객만족도, 초기품질만족도 등 지표로 나타낼 수 있는 요소 외에 부품조달체계, 기술력, 노사관계, 유통구조, 기업의 유연성과 혁신력, 기업이미지, 브랜드 가치 등 지표로 나타내기 어려운 요소도 있다.

▌조직 체질의 변화와 혁신

자동차회사는 각각의 기능 조직이 매우 중요하다. 기능은 자동차를 만드는데 필요한 각각의 필요 역할로 기획, 연구개발, 제품설계, 생산기술, 생산, 부품조달, 판매, 관리지원 등이 강해야 한다. 한편 제품별 조직도 강해야 하며 여기에 자동차 필수기술인 파워트레인, 선진 기술개발, 전장화 기술 등의 기술 조직도 강해야 한다. 최근 도요타는 '1천만대 생산의 대기업병'에 맞서 기능 조직에서 제품중심에 기술 별로 조직을 개혁하였다. 현대차그룹은 현대차와 기아차로 나누고 제네시스 브랜드로 기능을 나누어가며, 연구개발과 구매의 기능 통합 등으로 조직을 운영하고 있다. 기능과 제품 중 어느 중심으로 조직이 구성되어야 하는 것은 각각의 장단점이 있고, 기업 고유의 문화와 차량의 라인업이나 브랜드에 따라 다르다. 다만 조직은 최적화와 효율성을 통하여 최고의 차, 경쟁력 있는 차를 만드는데 두면서 끊임없이 조직을 변화시키고 개혁해야 한다.

단기적인 성과주의로 체질이 강한 기업이 될 수는 없다. 힘들더라도 어려운 길을 찾아 성공 체험을 쌓고 더 어려운 목표를 설정하고, 자기 스스로를 경계하며, 조직 체질의 세밀한 변화를 주도해 나가는 경영이 필요하다. 즉 기업에 맞는 개선이나 혁신프로그램을 꾸준히 실행해야 한다. 도요타는 지난 60여 년간 개선과 혁신의 끈을 한

번도 놓은 적이 없으며, 현대차그룹도 6시그마를 비롯한 수많은 경영혁신 프로그램을 시행했고, 삼성전자도 '마누라와 자식을 빼고 모두 바꾸자는 프랑크푸르트 선언'의 혁신운동 이후 20여 년 간 쉬지 않고 스스로 혁신해오고 있다.

생산체제와 제품전략

자동차기업은 생산체제와 마케팅으로 저가 대량생산체제와 고가 소량생산체제로 나눌 수 있는데 이들 분류의 차이는 생산력과 제품 성격에 따라 다르다. 일반적으로 저가 대량생산체제는 저가의 소형 차 중심으로 대량 판매에 주력하는데 비해, 고가 소량생산체제는 고가·고품질·고성능의 소량생산을 그 특징으로 하는데 대표적으로 BMW, 벤츠, 아우디, 포르쉐, 볼보, 재규어 등이며 유럽 고급차 업체가 대부분이다. 반면 저가 대량 생산업체는 푸죠, 르노, 피아트, 시트로엥, 스즈키, 스바루, 다이하츠 등이 있다. 한편 풀 라인업 체제를 갖추며 저가 양산브랜드부터 고급 브랜드까지 생산하는 기업으로 VW, GM, 포드, 도요타, 닛산, 혼다, 현대 등이 있다. 여기에서 양산 메이커인 도요타 '렉서스', 닛산 '인피니티', 혼다 '아큐라' 라는 프리미엄 브랜드로 성공한 전략을 현대차가 '제네시스' 브랜드로 차별화하며 성공을 거두고 있다. 이와는 달리 거대한 모빌리티 혁명을 주도하는 테슬라는 현재 틈새시장인 전기차 시장에서 돌풍을 일으키며 시장의 변화를 이끌고 있다.

세계 자동차시장을 지배하는 대부분의 업체는 대규모 생산체제를 유지하면서, 고가 고품질의 대형차부터 저가 소형차까지 다양한 판매차종을 보유하는 풀 라인 제품전략을 쓰고 있다. 이 전략은 모든 계층의 모든 가치를 커버하여 고객을 확보하고, 제품공간상

빈 공간을 줄여 후발 기업이나 타사가 진입을 못하게 할 수 있다. 그러나 한 기업에서 출시되는 모든 제품이 모두 성공하지 않는다. 효자 제품은 절반에 불과하여, 풀 라인업 전략은 리스크를 분산시키는데 유리하다.

▌부품 조달과 재료비 절감

자동차기업에 있어 가치창출은 외부 부품조달과 사내 가공조립부문이 가장 큰 비중을 차지하고 있어, 결국은 재료비 절감이 가격경쟁력 확보의 핵심이 된다. 자동차 메이커는 이제 글로벌 부품메이커와 거래하고, 세계 최저가격으로 결정하는 세계 최적 조달전략을 실시하여, 도요타자동차가 말하는 '절대 원가'를 찾고 있다. 동시에 구매기능의 본사 일원화나 1차 거래업체에의 집약화가 빠르게 진전되고 있다. 재료비 절감은 현행차를 대상으로 VA제안이나 생산 공정의 낭비제거 등의 개선을 통해 원가를 절감하는 활동과 신차개발 설계 단계부터 원류로 파고 들어가 부품별로 원가기획을 하고 목표원가를 달성하는 활동으로 나누어진다. 여기서 중요한 것은 코스트의 8할이 설계에서 결정되고, 기본사양은 자동차메이커가 정하지만 상세한 부품도면은 약 80%를 부품 메이커가 작성하고 있다는 점이다. 즉 승인도방식의 개발이 확대되는 추세에서 부품메이커의 역할이 커지고 있다는 것이다.

▼ 자동차 기업의 가치사슬(예시)

제조원가 78% (재료비 61%, 경비 9%,노무비 8%)				매출 총이익 22%			
외부부품 조달 48%	내부 가공 18%	개발비 4%	노무비 8%	일반 관리 4%	판매 7%	딜러 마진 7%	기업 마진 4%
조달활동	생산	R&D	관리활동	마케팅활동			

모듈화와 플랫폼 공유

▲ 현대자동차그룹의 전기차 전용 플랫폼 E-GMP(왼쪽)는 모듈화 및 표준화로 현대 '아이오닉5'와 기아의 차세대 전기차 라인업의 뼈대가 된다. 폭스바겐 MQB(오른쪽)은 내연기관 플랫폼이다.

계열구조는 일본에서 합리적인 체제로 인정되었지만, 현재는 조건만 좋다면 세계 어느 업체라도 거래를 맺는 것이 새로운 흐름이 되고 있다. 자동차 메이커의 1차 거래사가 타사도 거래하는 형태이다. 한편 조달과 관련하여 여러 회사가 단품으로 납품하던 것을 한 회사가 시스템화하여 조달하는 것을 모듈화라고 한다. 한편 플랫폼을 같이 쓰면 핵심 부품의 많은 부분을 공유하며, 대량 생산을 통해 부품 단가를 낮출 수 있다. 자동차 제조사는 애초 플랫폼을 개발할 때 해당 플랫폼을 사용하게 될 자동차 중에서 가장 높은 성능을 내는 차에 맞춰 개발을 하므로, 플랫폼 통합은 아주 일반화되었고, 특히 새로 나오는 전기차는 대부분 처음부터 플랫폼전략을 쓰고 있다.

모빌리티 기업으로 변화하는 비전전략

기업경영은 기업의 비전을 달성하기 위하여 한정된 경영 자원 즉, 인력, 물자, 자본, 설비, 기술, 노하우, 정보, 시간, 고객, 협력인 프라, 브랜드, 기업문화 등을 끊임없이 개발하고, 변화하는 환경에 적응하면서 시장의 확대와 고객만족 추구를 통하여, 기업의 새로운 가치창출과 이익실현을 추구함으로써 영속기업을 꾀하는 제반활동을 말한다. 또한 기업비전은 자사의 미래 존재성격을 분명히 하고 조직구성원에게 꿈과 이상을 던져주는 미래의 좌표이다. 따라서 기업비전은 사명과 성장성을 지향하는 기업의 전략과 철학을 함께 담고 있어야 한다.

자동차 기업은 이제 미래 비전으로 모빌리티 기업으로 변화하지 않으면 안 된다. 모빌리티를 제공하는 서비스 플랫폼의 개발과 제공, 차량 빅 데이터의 선점, 전기차, 자율주행, 연결성 등의 모빌리티 기술혁명에는 천문학적 투자와 위험부담이 동반한다. 이런 모빌리티 변화와 4차 산업혁명에서 구글, 애플, 테슬라, 아마존, 삼성 등 거대 IT 기업과 벤처정신이 넘치는 수많은 스타트업과 경쟁에서 살아남으려면, 기존의 패러다임으로는 생존할 수 없다. 이제 기존의 메이커는 비상한 전략과 새로운 비전이 요구되는 시점이다.

6. 세계 자동차산업의 역사

자동차산업의 생성

1880년대 말부터 1890년대에 걸쳐 벤츠와 푸조, 포드, 르노, 피아트 등이 설립되어 현재까지 세계 최고의 완성차 메이커 자리를 지키며 자동차산업을 이끌고 있다. 1886년 벤츠는 3륜 가솔린 자동차의 특허를 받았다. 푸조는 1889년 파리 세계박람회에서 첫 자동차를 선보이고, 1894년 세계 최초의 자동차 경주에서 공동우승하면서 그 명성을 높였다. 1890년대 후반에는 프랑스 르노사가 설립돼 자동차 대중화시대를 이끌어 냈다. 1900년 세계 자동차의 연간 생산대수는 1만대를 넘지 못하였고, 당시 자동차는 증기, 전기, 가솔린으로 세 종류가 경합하였는데, 부유층이 가장 선호한 것은 전기자동차였다.

한편 미국은 1840년대 서부개척으로 철도가 크게 발달하여, 1850년에는 이미 철도 총 길이가 1만 4,520km에 이르렀고, 20세기 초에는 40만km를 넘어서는 철도대국이 되어 있었다. 그러나 미국 대륙은 너무나 광활하고 개인주의적 국민성과 풍부한 석유자원에 힘입어 자동차산업도 급격히 발전하는 기반이 함께 조성되었다. 특히 1899년 올즈모빌이 '세계 자동차의 메카'인 미시건주 디트로이트에 자리 잡아 오늘날 제너럴 모터스(GM)로 발전하게 된다.

'포드 혁명'과 GM의 세계 제패의 근간인 슬로안 체제의 구축

포드자동차는 1908년 세계 자동차 사상 초유의 1,600만대 판매 기록을 갖는 '포드 T-Model'을 개발하고 '포드생산방식'이라는 컨베이어 시스템의 도입으로 가격이 대폭 낮아지고, 소득이 늘면서 누구나 자동차를 살 수 있는 '자동차 대중화 시대'를 열어 나갔다.

◀ 1903년 포드자동차를 설립하고 T-Model을 개발한 후 컨베이어시스템을 도입한 '자동차 왕' 헨리 포드

1920년대 들어 미국시장에는 이상한 변화가 나타났다. 1923년 미국 총생산 362만대 중 포드의 T-Model이 167만대를 판매한 이듬 해부터 싫증을 느낀 수요자가 이탈하면서 오늘날까지 GM의 추격에 밀리게 되었다. 한편 1908년 GM을 창업한 W. 듀란은 'Buick', 'Cadillac' 등 25개사를 흡수 합병하면서 비약적인 발전을 거듭하였고, 1923년부터 알프레드 슬로안의 탁월한 경영능력에 힘입어 세계 최대의 기업이 되었다. 알프레드 슬로안은 GM 브랜드 체제의 근간을 마련했으며, 차종간 부품 공용화와 관리혁신으로 대량생산 체제의 조직화에 기여한 인물이다. 포드가 그의 공장을 대량생산방식으로써 기틀을 잡은 반면, 슬로안은 디자인과 상품의 다양화를 이루었던 것이다.

미 · 일 · 유럽의 3극화체제 형성

미국은 BIG-3(GM, Ford, Chrysler)는 1920년대부터 유럽을 중심으로 전 세계에 진출하였다. 유럽의 관세 장벽 때문에 현지 생산으로 전략을 바꾸면서 미국의 제조기술에 유럽 메이커의 제품기술이 더해지면서, 유럽은 1970년부터 세계 최대의 시장으로 등장하였다. 한편 일본도 급속한 경제성장과 독특한 생산방식을 바탕으로 경쟁 대열에 진입하였다. 1920년 GM과 Ford가 일본에 진출하였고, 1936년 외국기업을 배제하는 법으로 일본 독자의 자동차산업이 형성되었으나, 군사목적과 트럭중심의 구조로서 산업은 매우 취약하였다. 1950년대에 한국전쟁에 따른 특수경기, 외국차 진출제한, 승용차 중심으로의 산업전환 등에 힘입어 비약적인 성장의 기반을 다지고, 1960년에는 수출시장에도 뛰어들었다. 특히 일본은 새로운 산업조직과 특유의 '도요타 생산방식'으로 제조철학이 뿌리를 내려 국제 경쟁력을 갖춘 산업기반을 이루었다. 여기에 1968년부터 자동차대중화로 내수 기반이 확장되면서 1970년에 530만대 생산 기록을 세우고, 현재까지 세계 최대 수출국이면서 미국, 유럽과 함께 세계시장을 지배하는 3극화체제를 형성하게 되었다.

한국의 세계 진출과 중국의 세계 1위 판매국 등장

미국 · 일본 · 유럽의 3극체제 속에서 1980년대부터는 한국이 새로운 세력으로 세계시장에 진출하였다. 한국은 1962년 완성차 수입을 금지시키고 국산화정책, 중화학공업 육성, 수출산업화 전략을 강력히 추진하여, 1980년대 고도성장에 따른 자동차대중화로 소형차 수출기반을 구축하였다. 1990년대 중반에는 세계 5대 자동차생산국으로 부상하여, 신흥 공업국가 중 가장 크게 성장하였다. 이후 한국은 IMF위기를 견디고 이어 현대차그룹의 성장으로 세계 자동차강국으로 떠올랐다.

1980년대 중국 자동차산업은 폭스바겐 등 다국적 자동차업체가 중국 시장 선점을 목적으로, 국유 자동차업체와 많은 합작회사가 설립되었다. 2002년 WTO가입 이후 중국의 자동차산업은 급성장하면서 2009년 1,379만대의 판매로 미국을 제치고 세계 1위의 자동차시장이 되었고, 2016년에는 2,800만대를 생산하며, 중국 자동차산업은 세계생산의 30%를 차지하는 최대 강국이 되었다.

▎자동차산업의 개편과정과 향후 전망

자동차의 역사는 1886년 세계 최초로 가솔린 자동차를 만든 칼 벤츠와 다임러에 의해 시작되었다. 그러나 초기 2~30년은 수공업 형태로 산업이라고 할 수 없었다. 그러다 1910년대 포드자동차의 대량생산으로 미국이 수십 년간 주도하는 제1차 개편이 이루어졌고, 제품다양화 속에 기술과 디자인으로 유럽까지 확대되는 제2차 개편이 일어났다. 다시 1970년대 일본이 도요타생산방식을 무기로 품질과 가격 경쟁력을 내세운 3차 개편이 일어났고, 1990년대 이후에는 한국까지 참여하는 글로벌경쟁의 4차 개편이, 2010년 이후 세계 1위의 생산과 판매의 중국이 등장하며 플랫폼 통합과 대체에너지 자동차의 기술선점 경쟁이 이루어지는 5차 개편이 일어났다. 이제 6차 개편이 이루어지는 2020년 이후에는 4차 산업혁명(Digital Transformation)과 모빌리티 혁명에서 자동차기업이 아닌 구글이나 애플 같은 IT기업이 참여하는 자율주행차와 전기차 등의 경쟁

우위에 달려있다.

세계 자동차산업의 패권은 1920년대부터 2005년까지 85년간 GM이 쥐고 있었다. 이어 탁월한 제조능력을 바탕으로 도요타자동차가 2006년부터 10년간 세계1위를 차지했고, 2014년부터 유럽의 VW이 1위를 차지한데 이어, 2020년대 1천만대 생산체제를 갖춘 VW, 도요타자동차, 르노닛산 연합, 스텔란티스 4강이 1천만대 생산체제를 구축하고 서로 격돌하고 있다.

이제 CASE가 이끌어가는 모빌리티 혁명시대에는 전통적인 자동차 그룹에 맞서는 테슬라나 애플같은 새로운 IT와 디지털 강자는 물론 전기차로 세계 시장에 진입하려는 중국의 신흥기업도 결코 무시할 수 없을 것이다.

▼ 세계자동차산업의 개편 과정

구 분	제1차	제2차	제3차	제4차	제5차	제6차
기간	1910 -1940	1950 -1960	1970 -1990	1990 -2005	2005 -2020	2021 이후
콘셉트	단순 수송기관	이동생활 공간	국제화 성장	글로벌 경쟁	중국 등장	모빌리티 혁명
변화주도	미국	미 + 유럽	미 유럽 일	한국 참여	중국 참여	테슬라
변화요인	대량생산	제품다양화	린 생산체제	환경, M&A	대체 에너지	디지털
경쟁 환경	제조공정	기술 디자인	품질 원가	혁신 연비	플랫폼	CASE

7. 세계 자동차산업의 수급 변화

▌세계 보유대수는 2020년 15억대 돌파

'2019년 세계자동차통계 연보'에 따르면 전 세계에서 운행 중인 자동차 총 대수는 14억9,000만대이다. 세계 자동차시장의 연평균 4% 성장세에 힘입어, 2009년 9억8,000만대에서 52% 대폭 증가한 것이다. 앞으로의 보유대수는 코로나19 팬데믹으로 수년간 증가세가 주춤하겠지만, 인구수의 지속적인 증가와 수요회복으로 자율차와 공유차가 보급되는 모빌리티가 완전히 구축되기 전까지 보유대수는 꾸준하게 소폭 증가할 것이다.

지역별로는 선진 성숙시장은 세계 평균보다 낮아, 북미는 2009년 2억8,900만대에서 2019년 3억5,600만대로 23.1%, 유럽은 3억3,300만대에서 4억800만대로 22.2% 증가했다. 반면 신흥시장으로 아시아는 2009년 2억4,400만대에서 2019년 5억2,600만대로 115.7%, 남미가 5,500만대에서 9,200만대로 67.6%, 중동이 3,400만대에서 6,100만대로 81% 증가했다.

자동차 보급의 대중화 정도를 나타내는 지표인 1,000명당 자동차 보유 대수는 2009년 155대에서 2019년 211대로 높아졌다. 북미는 2009년 639대에서 2019년 723대, 유럽은 2009년 447대에서 2019년 533대로 늘어나 세계 평균보다 높은 보급률을 유지했다. 아시아는 1,000명당 자동차 보유대수가 2009년 66대에서 2019년 129대, 남미는 144대에서 203대, 중동은 92대에서 138대로 증가했다.

█ 세계 자동차 생산은 2019년 9,260만대, 2020년 코로나19로 급락

세계 자동차 생산은 북미의 생산회복과 아시아의 생산능력 확대에 따라 2009년 6,240만대에서 2019년 9,260만대로 10년 만에 48.4% 증가했다. 북미는 2009년 미국 자동차산업 구조조정 이후 경쟁력 회복과 멕시코의 생산능력 확대에 힘입어 2009년 870만대에서 2019년 1,680만대로 91.5% 대폭 늘었다. 아시아는 2009년 3,050만대에서 2019년 4,860만대로 59.2% 증가했다. 특히 중국의 자동차 생산이 2009년 1,380만대에서 2019년 2,570만대로 10년 전 대비 두 배 가까이 확대되며 아시아의 성장세를 이끌었다. 생산 비중을 보면 북미·유럽 등 선진시장이 세계 차 생산에서 차지하는 비중은 2009년 40%대에서 정체된 반면, 2009년 이후 세계 자동차산업이 아시아 신흥국 중심으로 재편되면서 아시아 생산비중도 48.9%에서 52.5%로 확대됐다. 2020년은 코로나19 팬데믹의 영향으로 글로벌 자동차 생산량은 전년 대비 13.5% 급감한 7,689만대로 다운 사이클에 진입하고, 2021년은 반도체 공급 불안정에 의한 가동 중단사태가 이어지나, 경기부양과 기저효과에 따라 반등이 예상된다. 다만 장기적인 생산증가율은 점차 둔화될 것이다.

█ 세계 자동차 수요는 코로나19 팬데믹으로 2023년에야 9천만 대로 회복

세계 자동차 판매는 2018년 9,520만대, 2019년 9,150만 대 전년 대비 3.9% 감소했다. 2020년은 코로나19의 영향으로 전년 대비 15% 급락한 7,661만 대를 기록하였다. 2021년 예상 판매량은 기저효과로 인해 2020년 대비 12.2% 증가한 8,593만 대로 예상되며,

이후 판매증가율은 장기적으로 완만하게 회복되어, 2023년이 되면 코로나19 이전의 9,550만 대 판매수준을 회복하고 2025년 1억 대를 돌파할 것이다.

▼ 자동차 판매추이와 전망 (자료 : LMC, 삼정KPMG 경제연구원)

자동차 수요는 인구수, 경제성장율, 소득수준, 도로와 산업 인프라, 세제, 유가, 자동차가격 등 다양한 요인에 의해 정해진다. 그 중 가장 큰 잠재요인은 인구증가와 경제성장이다. 전 세계 인구는 2020년 77억 명을 넘어서고, 2025년에는 81억 명, 2050년에는 무려 96억 명에 다다를 전망이다. 다만 경제성장은 2020년 코로나19 팬데믹으로 글로벌 경기침체로 회복에 수년이 걸리고, '포스트 코로나'와 'CASE 시대'에는 어떻게 수요가 변화할 지는 아직은 미지수이다.

세계 상용차 시장

상용차는 픽업트럭을 비롯한 소형 트럭부터 중대형트럭과 미니 밴부터 대형버스까지를 이른다. 소비층이 영세사업자부터 대량 물류 기업까지 수요가 다양하다. 또한 운행거리가 길어 애프터마켓과 부품 시장의 규모도 크다. 특히 중대형 트럭이나 특수차는 대당 매출액이 차지하는 비중이 평균 5만 달러로 그만큼 이익률이 뛰어나며, 대부분 트럭 구매는 할부금융이나 리스로 이뤄진 만큼, 금융 서비스로 추가 수익도 메리트가 된다.

세계자동차협회(OICA)에 따르면 글로벌 상용차 시장은 2018년 2570만대이다. 1위는 1130만대의 미국시장으로 CUV, 픽업트럭, SUV, 미니밴을 경트럭(Light Truck)로 보기 때문에 승용차와 경트럭의 수요 비중이 3:7이다. 2위는 416만대(16%) 중국, 3위는 143만대 캐나다, 4위 85만대 일본, 5위 79만대 인도 순이다. 글로벌 1위 업체인 다임러AG는 인수합병(M&A)을 통해 다임러(독일), 프레이트라이너(미국), 웨스턴스타(미국), 푸소(일본), 바하라트벤츠(인도) 등 5개의 상용차 브랜드를 운영한다. 중국 시장은 다임러와 포톤이 합작해 1위를 기록하며 시장을 주도하고 있다. 둥펑(볼보트럭 합작사)은 2위, SAIC-GM-울링 합작사가 3위, 토종 업체인 FAW가 4위이다. 인도는 타타모터스가 높은 점유율로 1위이다.

세계 전기차 시장

전기차는 기술의 발전과 인프라의 보급에 따라 하이브리드 전기차(HEV) ▷플러그인 하이브리드 전기차(PHEV) ▷순수 전기차(BEV)로 점차 발전하고 있다. 2020년 글로벌 전기차(BEV, PHEV)는 312만 대가 판매됐다. 코로나19 팬데믹으로 자동차 판매량은 7264만 대로 2019년 8670만 대에 비해 16% 줄었지만 전기차는 2019년(220만 대)보다 42% 증가한 것이다. 2013년 이후 연평균 47%의 높은 성장률을 보이고 있으며, 2020년 기준 신차 시장에서 점유율이 4%를 넘었다. 지역별로 유럽 133만대, 중국 125만대이며, 종류별로 배터리 전기차 214만대, PHEV 98만대이다.

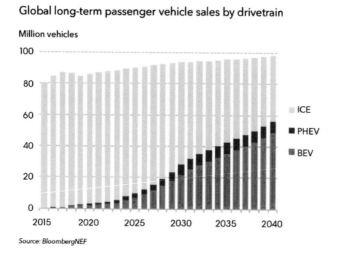

Global long-term passenger vehicle sales by drivetrain

Source: BloombergNEF

2020년 실적을 보면 테슬라는 2년 연속 1위로 49만9535대를 판매하였다. 2위 폭스바겐(22만220대), 3위 BYD(17만9211대), 4위 현대차 그룹(18만 4881대), 5위 GM SGMW(17만825대), 6위 BMW 16만3521대, 이어 벤츠, 르노, 볼보, 아우디, SAIC 순이다. 모델별로 Tesla Model 3(37만대), 중국 Mini EV(12만대), Renault Zoe(10만대), Tesla Model Y(8만대), 현대 Kona(6만5천대), VW ID.3(5만7천대) 순이다.

2021년 전기차 시장은 47% 성장한 460만대로 전망된다. 미국과 중국의 성장세가 확대되고, 유럽은 200만 대를 넘어서며 전기차 점유율이 20%에 다가갈 전망이다. 각국의 정책 효과와 시장 사이클 효과, 그리고 다수의 전기차 모델 출시 등이 어우러지면서 글로벌 전기차 시장은 향후 5년간 연평균 28% 성장해, 2025년 1천만대(시장 점유율 10%) 규모를 기록할 전망이다.

이미 전 세계적으로 급부상하고 있는 수소 경제의 핵심으로 주목받는 수소차는 수소생산 시스템, 수소탱크의 위험성, 미흡한 인프라 등의 선결 과제가 많아, 2020년 세계 수소차 시장은 약 9천대로 그중 현대의 수소차 넥쏘가 약 70% 점유율을 보이고 있다. 양산차는 도요타와 현대차만 내놓고 있을 뿐이고 최근에는 혼다도 개발을 중단하였다. 다만 향후 친환경차 주도권 경쟁이 하이브리드→ 전기차→ 수소차 순으로 진행된다는 점에는 이견이 많지는 않다.

8. 세계 자동차시장의 경쟁구도

▌세계 자동차산업을 재편하는 M&A

자동차산업은 높은 진입장벽과 함께 양산효과가 확실히 존재한다. 엄청난 산업의 변화에도 불구하고 새로 진입하여 성공한 기업이 없다. 세계적으로 연간 수백만 대씩 파는 글로벌 자동차메이커 가운데 가장 최근에 생긴 회사는 현대자동차로 1967년 설립되었다. 이 급변하는 세상에서 기존의 글로벌 자동차메이커 중 54년 전에 세워진 회사가 가장 젊다는 것은 그만큼 진입장벽이 높다고 할 수 있다.

생존을 위한 양산규모의 확대가 기존 기업 간의 인수·합병으로 이어지는 경우가 많아졌다. 최근에는 2017년 르노-닛산-미쓰비시 연합이 출범하였고, 2021년 FCA(피아트-크라이슬러)그룹과, 푸조시트로엥 (PSA그룹) 두 회사의 합병으로 세계 4위 규모의 자동차 그룹 '스텔란티스'가 탄생하게 되었다. 글로벌 자동차 판매량에서 FCA 그룹은 8위, PSA 그룹은 9위로 두 회사의 2019년 기준으로 자동차 판매량을 합하면 약 870만 대 정도가 된다.

한편 최근 몇 년간 인수합병을 주도하는 기업은 중국 토종기업이다. 특히 지리자동차가 지난 2010년 스웨덴 볼보자동차를 인수했을 당시 업계는 '뱀이 코끼리를 삼켰다'고 표현하며 의구심을 드러냈으나, 결과적으로 지리와 볼보 양사에 큰 도움이 되었다. 또한 다임러의 대주주(지리자동차9.7%, 베이징자동차 5% 보유)이다. 이에 앞서 베이징자동차는 2009년 스웨덴 자동차회사 사브(SAAB)의 2개 차종 생산설비와 지식재산권을 인수해 기술개발 능력을 끌어올렸다. 둥펑자동차는 2014년 프랑스 푸조 · 시트로앵(PSA)의 지분 14%를 사들여 3대 주주에 오르기도 했다.

▲ 중국의 지리자동차그룹은 볼보, 영국 로터스, 플라잉카를 개발 중인 미국 스타트업 테라푸지아, 상용차 볼보AB 지분(8.2%), 다임러의 지분(9.7%)을 인수하였다. 전 세계 판매수량은 완성차 218만 대(2019년)이다.

자동차업계 간 인수합병 외에 자동차업계와 IT · 전자업계가 대 규모 제휴나 인수 합병도 활발해 지고 있다. 그 이유는 자동차회사 들이 새로운 모빌리티와 CASE(커넥티드 · 자율주행 · 차량공유 · 전기차)에 대응하는 연구개발비 부담과 수익성 저하 등의 이유로 생존을 위해 서로 파트너를 찾아야 할 형편이기 때문이다. 2020년 코로나19 팬 데믹으로 그나마 있던 개발비 지출 여력마저 줄어버렸다. 여기에 테슬라 주가 쇼크가 예상보다 커서 수많은 스타트업과 유니콘 기업 이 생겨나고 또한 꿈을 꾸고 있기 때문이다.

이제 세계자동차 시장의 경쟁 구도는 1천만대 판매를 넘나드는 도요타, 폭스바겐(VW), GM, 르노-닛산-미쓰비시 연합, '스텔란티 스' 그룹이 선두 메이저 그룹으로 자리 잡고, 3백만 대 규모의 프리 미엄 자동차그룹으로서 다임러 벤츠와 BMW가 탄탄한 입지를 차지 하며, 3~7백만 대 중간 그룹으로 현대차그룹, 포드자동차, 혼다자 동차, 스즈키가 경쟁하는 사이, 후발로 중국의 자동차그룹이 따라

오고 있다. 여기에 모빌리티 분야에서 내연기관차에서 전기차로 전환 속도가 빨라지며 '테슬라 쇼크'로 불리는 테슬라가 2025년 300만 대에 이어 '2030년 2,000만 대 생산'의 대도약을 선언하며 강력한 경쟁자로서 시장의 판도를 뒤흔들 것이다.

도요타와 VW그룹의 세계 판매 1위 경쟁

70여 년 간 자동차 세계 1위를 고수하던 미국 제너럴모터스(GM)는 2008년 도요타에게 선두를 빼앗겼다. 2014년 도요타와 폭스바겐 (VW)이 처음으로 '1천만대 판매'를 넘고, GM도 근접했는데, 2015년 은 폭스바겐이 디젤스캔들에 밀리다가, 2016년 세계 1위에 처음으로 올랐다. 폭스바겐그룹 매출의 40%를 담당하는 중국시장이 2,802만 대 규모로 성장하며 중국시장 판매량은 398만2천 대를 보였기 때문이다. 2020년에는 코로나19 팬데믹 여파로 판매대수가 떨어지며, 도요타그룹이 953만대, 폭스바겐그룹이 931만 대를 판매하면서 도요타그룹이 다시 선두를 탈환했다.

글로벌메이커의 순위를 판매 규모만이 아니라 매출액, 주식가치, 수익규모, 자산규모, 브랜드 평판도 등 여러 요소로 매기기도 한다. 매출액 기준으로 2019년 세계 자동차기업 순위는 1위 도요타(약 265 조 원), 2위 폭스바겐, 3위 벤츠, 4위 GM, 5위 FORD(약 150조 원), 6위 혼다, 7위 피아트(129조 원), 8위 중국 SAIC(119조 원), 9위 닛산 자동차(111조 원), 10위 독일 BMW(110조 원)이다. 자산 규모 기준으로 는 폭스바겐이 1위이고, 그 밖에 순위는 비슷하다. IT 산업과 달리 자동차 기업은 매출과 이익, 자산 규모 순위가 서로 거의 비례한다.

주식가치는 테슬라가 모든 자동차그룹을 제치고 단연 1위이다. 2020년 말 현재 테슬라의 시가총액은 6,500억 달러(약 700조 원)를 넘었다. 도요타와 폴크스바겐 등 기존 5대 자동차메이커의 시가총 액 합계를 뛰어넘는 것이다. 테슬라는 창사 이래 10여 년 간 수익이 적자였으나 2019년부터 흑자전환이 되었고, CEO 일론 머스크의 명망과 전기차 시장선점, 그리고 자율주행차 개발에 대한 미래가치 가 반영되었기 때문이다. 다만 조그만 경기침체에도 취약하고, 리 스크가 큰 회사임에는 틀림이 없다.

▌신흥시장의 선점과 중국의 위상 변화

2000년 이후 중국, 브라질, 러시아, 인도 등 고속 성장하는 신흥시 장 수요 증대에 누가 어떤 사업전개와 생산방식으로 경쟁력을 갖느 냐의 경쟁 속에서, 이미 2천5백만대로 커진 세계 1위의 중국시장에 글로벌기업 모두가 참여하여 시장쟁탈전이 벌어졌다. 이제 자국에서 경쟁력을 키운 중국 토종 메이커의 본격적인 세계시장 진출로 이어 지면 세계 자동차산업은 새로운 방향으로 재편될 것으로 보인다.

중국은 인구 14억3천만 명에 자동차 보유대수도 2억7,500만 대 이다. 2016년에는 2811만 대(세계 생산 비중 29.5%)로 생산으로 7년 연 속 세계 1위를 기록했다. 다만 코로나19 팬데믹 이후 2020년 자동차 생산량은 약 1,900만 대로 2019년 대비 약 22% 감소, 판매량은 2,000만 대로 2019년 대비 약 21% 감소하였다. 2025년이면 연간 수요가 3천만 대로 세계 판매의 3분의 1을 차지하게 된다. 미국과 일본 자동차 시장을 합친 것보다 크다. GM과 폭스바겐은 모두 중국 내 합작법인을 통해 자국 시장보다 더 많은 자동차를 판매하고 있다. 또한 중국은 전기자동차와 배터리 생산에서도 세계 1위이다.

다만 중국 자동차산업은 고속성장에도 불구하고, 투자과열에 따른 공급과잉으로 120여 개 기업 간 경쟁이 더욱 격화되어 머지않아 수익성이 크게 떨어질 것으로 보인다. 중국은 세계 최대 생산국이 되었지만 기술수준으로 보면 세계 유명 자동차의 합작 조립공장에 불과하고, 자동차 시장도 다국적기업이 지배하여 단순히 소비시장으로 보고 중국에 진출하고 있다. 그런 가운데 중국 고유 브랜드 승용차 판매량이 2016년은 처음으로 1,000만 대를 돌파하여, 중국 자동차 브랜드들에게 큰 자신감을 갖고 중국 내수시장에 기반을 다지고, 합작브랜드를 넘어 세계시장 진출을 꾀하기 시작하였다.

▌패러다임이 바뀌는 변화와 무한경쟁

세계 자동차산업은 시장, 기술, 상품 등의 측면에서 패러다임이 바뀌는 변화가 일어나고 있다. 새로운 패러다임이라고 하는 자율주행차, 연결성(커넥티드 카), 전기차, 자동차공유 등 4가지 개념은 따로 존재하는 것이 아니라 유기적으로 연결된다. 이러한 트렌드는 자동차 자체뿐 아니라 산업과 시장, 경쟁구도 등을 모두 바꿔놓을 것이다. 특히 모빌리티 변화와 함께 경쟁구도가 IT업계의 도전과 자동차 업체의 응전일 것이다. 양 측은 각각의 강점이 있다. 구글과 애플 같은 '테크 골리앗'은 스마트폰에서 운영체제를 장악해 본 경험이 있고, 테슬라와 수많은 유니콘 기업은 소프트웨어 기술과 창의적 아이디어, 인포테인먼트나 AI 활용 기술 등도 큰 무기이다. 국내에서는 삼성전자 · LG전자 같은 전자장비 회사, 카카오모빌리티 · 네이버 같은 IT 플랫폼 회사, 5G 통신기술을 가진 이동통신사들도 모빌리티 산업의 한 축이 되기 위해 부품부터 서비스까지 개발 경쟁을 벌이고 있다. 여기에 전기차용 배터리를 제조하는 기업도 잠재적인 경쟁자이다. 이에 맞서는 완성차 업체는 다소 다급하다. 자동차의 혁신이란 지금까지 주로 하드웨어 기술 분야에서 이뤄졌기 때문이다. 자동차가 스마트기기가 될 때 '두뇌'와 소프트웨어를 장악하는 일은 낯선 도전이다. '이대로 가다간 완성차 업체는 서비스 공급업체의 하청업체가 될지 모른다.'는 완성차업체의 공통된 고민이 있다.

9. 국내 자동차산업의 발전 역사

우리나라 초창기 자동차의 도입과 발전

자동차가 한국에 처음 상륙한 것은 1903년 고종의 즉위 40년을 기념하는 칭경식 때 미국 공사에게 부탁해 포드 자동차를 들여와 바친 것으로 역사에 기록되고 있으나 이듬해 러일전쟁 중 자취를 감추고 말았다. 1911년 자동차는 이후 황실용 2대와 총독부 1대가 도입되었다. 이후 부유층의 자가용과 운수사업용으로 들여오기 시작하고 판매와 서비스 회사까지 생겨나 1945년에는 7,386대로 보유대수가 늘어나면서 광복을 맞았다.

1950~1970 자동차 공업의 태동과 육성 기틀 마련

광복과 한국전쟁을 거치면서 미 군용차를 재생하는 공장으로 1954년 하동환공업사와 신진공업사가 생겨났고, 1955년 국제차량공업사를 운영하던 최무성 삼형제  가 전형적인 수공업형태로 지프형 승용차 '시발'(사진)을 만들어 1955년 8월 광복 10주년 기념으로 열린 산업박람회에 출품, 대통령상을 받으며 등장 우리나라 자동차공업의 시작을 알렸다.

1960년대 들어 5.16 군사정부의 강력한 경제정책에 힘입어 1962년 4월 자동차공업 5개년 계획이 발표되면서 국내 최초로 대규모 자동차 조립공장인 새나라자동차가 설립되어, 일본 닛산의 블루버드를 SKD 방식으로 들여와 조립 생산한 최초의 국산승용차가 탄생하였다. 다시 1965년 새나라자동차를 인수한 신진공업사는 1966년 상호를 신진자동차로 바꾸고 일본 도요타자동차와 기술제휴로 국산화율 20% 수준의 '코로나'와 '퍼블리카'를 생산하였다.

1967년 중화학공업정책이 본격화 되면서 1967년 12월 현대자동차가 설립되어 자동차산업에 뛰어들었다. 현대자동차는 1968년 포드와 기술제휴로 '코티나', 이듬해에는 '포드 20M' 생산에 들어갔고, 1965년 설립된 아시아자동차도 피아트와 기술제휴로 1970년 초부터 '피아트 124'를 생산하였으며, 1962년 기아산업은 3륜 트럭 'K-360', 'T-600'을 시작으로 1969년 4륜 트럭 '타이탄'을 생산하여, 우리나라 자동차공업은 4원화체제(신진, 현대, 기아, 아시아)를 이루게 되었다.

◀ 기아 3륜 트럭 'K-360' 1962년 발매 후 누적판매 5천만대를 돌파하였다.

1970~1990 국산 모델 개발과 양산체제의 확립

1972년 도요타자동차가 중국 진출을 위해 신진자동차에서 철수하고, 대신 GM과 합작으로 GM코리아가 세워졌고, 현대는 포드와 자본 협력에 실패하고 독자적인 자체모델 개발과 종합자동차공장 건설에 착수하는 가운데 기아도 마쯔다의 '브리사'를 1974년부터 국산화 생산을 개시하였다. 한편 고유모델 개발에 나선 현대자동차는 1975년 최초의 국산 고유모델 '포니'를 개발하여 대량생산과 처녀수출로 우리나라 자동차산업을 한 단계 끌어올리는 견인차 역할을 하였다.

◀ 1976년 데뷔한 포니는 현대자동차의 최초 고유 모델, 20세기 최고의 자동차 디자이너 조르제토 주지아로의 작품이다. 포니2 모델은 1990년까지 총 661,500여 대가 판매되었다.

GM코리아는 1972년 '쉐보레'와 '레코드'를 양산하였고, 1976년 한국 측 지분을 산업은행이 인수하여 새한자동차로 회사명을 바꾸고, 다시 1978년 산업은행의 보유지분을 대우그룹에 넘김으로써 대우자동차(현재 한국GM)가 출발하였다

1980년 제2차 석유파동의 후유증으로 자동차공업은 한때 위기를 맞았으나 1981년 자동차공업 합리화조치로 승용차 생산은 현대와 대우가, 중소형 트럭은 기아가 독점 생산하게 됨에 따라 각사의 경영이 정상화 되었다. 1986년 합리화조치가 해제되자마자 기아는 '프라이드'로 현대는 '포니'에 이은 '엑셀'과 '프레스토'로, 대우는 '르망'을 앞세워 수출전략기지인 미국을 비롯하여 전 세계 시장에 진출하는 발판을 만들었다.

1990년대는 국제경쟁체제와 구조조정의 시기이다. 세계시장에 본격적인 대량 수출이후 기술의 자립화와 산업구조의 고도화가 이루어졌고, 1996년에는 280만대 생산체제로 세계 5위의 생산대국으로 한국이 부상하였다. 그에 효자역할을 한 것이 대우자동차의 '마티즈'로 유럽에서 선풍적인 인기를 누리고 있다. 그러나 1997년 IMF쇼크로 내수시장이 붕괴되었고, 자동차업계의 대대적인 구조

조정이 일어나, 바야흐로 자동차업계는 1999년 기아를 인수한 현대자동차그룹이 탄생하고, 대우자동차, 삼성자동차, 쌍용자동차가 해외에 매각되는 혼란기를 맞이하였다.

▌2000 이후 글로벌 현대차그룹의 등장과 중견 3사의 생존경쟁

1999년 현대자동차그룹은 규모의 경쟁력을 확보하며 본격적인 글로벌 기업으로 등장하기 시작하였다. 미국, 중국, 유럽 등에 현지 생산기지를 확보하고 글로벌금융위기를 극복하며, 2014년에는 8백만 대 생산체제로 글로벌 Top-5업체가 되었다. 한편 중견 3사(한국GM, 르노삼성, 쌍용자동차)는 모두 생존의 기로에 서 있다. 한국GM은 2014년부터 누적적자에 시달리며 모기업에 의존하고 있고, 르노삼성차도 노사갈등과 생산 효율성 저하로 르노닛산그룹의 자동차물량 확보에 난항을 겪고 있다. 쌍용차는 인도 모기업의 경영권 포기로 12년 만에 법정관리에 들어가 존속을 위한 매각절차를 밟고 있다. 한편 2021년 국내에서는 23년 만에 자동차공장이 세워졌다. 광주글로벌모터스(GGM)은 '상생 형 지역일자리'의 선도모델로서 광주시가 21%, 현대차가 19%의 지분을 갖고 있다. 연산 10만대 생산능력을 보유하고 있으며, 2021년 9월부터 경형 SUV '캐스퍼'(사진)을 모델을 양산 개시하였다.

10. 국내 자동차의 수급 변화

▌한국 생산대수 350만대로 세계 5위

현대차와 기아 그리고 중견 3개 완성차 업체는 6년 전인 2015년까지만 해도 455만 대의 자동차를 생산하며, 우리나라를 세계 5대 자동차생산국 반열에 올려놓았다. 하지만 5개 완성차 업체의 생산은 갈수록 내리막길을 걸으면서, 2019년에는 한국 자동차 생산량이 10년 만에 400만 대를 밑돌았고, 2020년은 코로나19 사태 영향으로 전년보다 11.2% 감소한 350만 대에 그쳐 2004년(347만 대) 이후 16년 만에 가장 적었다. 한편 2020년 세계 자동차생산은 7,830만 대로 전년 9,264만 대에 비해 15.5%의 큰 감소폭을 나타낸 가운데, 한국은 2019년 7위에서 2020년 5위로 올라섰다. 2020년 10대 자동차 생산국은 중국, 미국, 일본, 독일, 한국, 인도, 멕시코, 스페인, 브라질, 러시아 순이다.

2020년 업체별 생산대수는 현대차 161만8,411대, 기아 130만7천254대, 한국GM 35만4,800대, 르노삼성차 11만4,630대, 쌍용차 10만6,836대를 기록하였다. 특히 중견 3사의 자동차 생산량은 5년 전(95만대)과 비교하면 절반 가까이 줄었다. 국내 시장에선 역대 최대를 기록했지만, 해외 자동차 시장이 코로나19로 거의 마비되면서 수출은 188만6,831대로 전년 대비 21.4% 감소하였다.

▌한국 판매대수 190만 대로 세계 9위 시장, 수입차 30만 대로 성장

2020년 우리나라 자동차 신규 등록은 전년대비 6.2% 증가한 190만5,972대로 사상 처음으로 190만 대를 돌파했다. 현대차는 78만7천 대, 기아 55만2천 대, 르노삼성 9만2천 대, 쌍용 8만8천 대, 한국GM 7만 대, 기타 1만3천 대로, 국내차가 160만4천 대이며, 수입차가 30만2천 대(15.9%)로 처음으로 30만 대를 넘어섰다. 한편 현대차는 글로벌시장에서 2020년 총 374만3,514대(해외 295만5,660대)를 기아는 260만7,337대(해외 205만4,937대)를 팔았다.

11. 국내 자동차부품업체의 변화

▌변화 방향 - 글로벌화, 모듈화, 계열구조, 조달전략, CASE

세계 자동차 산업은 몇 차례 구조개편을 겪으면서, 21세기 들어 플랫폼의 통합, 개발기간의 단축, 부품업체의 감축, 모듈화의 확대, 치열해지는 고품질과 가격경쟁, 중국 등의 신흥시장 확대, 자율주행차와 커넥티드 차량 개발, 전기차 시장 확대 등의 변화가 우리나라의 자동차 부품산업에도 커다란 영향을 미쳤다.

첫째, 자동차 부품산업은 전 세계적으로 추진되고 있는 디지털 변혁(Digital Transformation)의 물결을 수용하고 디자인, 생산, 판매 프로세스 모두를 디지털로 변화시켜서 고객의 요구에 대응할 수 있는 체제를 미리 만들어야 한다. 디지털 변혁은 부품의 생산과 거래에 있어 표준화와 모듈화를 요구한다. 이러한 표준화와 모듈화를 기반으로 경쟁력 있는 부품들이 만들어져야 글로벌 경쟁이 가능해진다. 즉 새로운 자동차 산업 생태계를 만들기 위해서는 협업이나 협동을 통한 경쟁이 가능하도록 구조화할 필요가 있다.

둘째, 글로벌화의 진전이다. 즉 우리 기업의 글로벌 진출과 글로벌 기업의 한국 진출을 말한다. 우리기업에 글로벌 기업의 자본참여로 외국인 지분이 50%를 넘는 외자 부품업체만 130여 개가 넘었고, 또 국내 OEM 시장규모의 약 40%를 이들이 점유하게 되었다. 또한 국내 부품업체의 해외 진출도 앞으로 더욱 빨라질 것이다.

셋째, 모듈화의 확대이다. 모듈화는 단위 부품의 통합화, 기능의 융합, 중량 경감, 소형화, 비용 절감 등의 측면에서 획기적인 부품공급 방식이며 생산방식의 변화이다. 특히 차량 플랫폼이 개발되며 가속화될 것이다. 이런 모듈화는 대형 부품업체나 경험과 기술을 축적한 글로벌 기업에게 집중될 것으로 보인다. 자동차산업은 '누가 빨리 값싸게 좋은 제품을 만드느냐'의 시간, 가격, 제품력 싸움이다. 차종의 수가 늘면서 부품수가 증가하고 차가 복잡해져 부품을 관리하기가 어려워졌다. 이때 부품 수를 줄이고 사내에서 사외로 돌리면 재고도 줄고 시장까지 가는 시간도 짧게 가져갈 수 있다. 또한 세계적인 공급과잉 상태에서 중국의 등장으로 원가인하 경쟁이 앞으로도 치열해질 것이다. 따라서 부품업체는 모듈개발과 설계능력을 가진 원천기술 개발의 확보에 더욱 집중해야 한다.

넷째, 계열 구조와 부품 조달전략의 변화이다. 머지않아 모기업과 하청관계는 사라지고, 여러 완성차 기업이 다른 완성차 기업의 1·2차 부품 기업과 거래하는 형태로 바뀌어 갈 것이다. 지금까지 1·2·3차라는 공급구조보다는 새로운 기술과 부품을 보유한 경쟁력 있는 기업이 광범위한 네트워크형 거래구조에서 새로운 기회를 얻게 될 것이다.

다섯째, 전자화 확대, 전기차 및 자율주행차의 개발 가속화이다. 특히 전기차 시대가 본격화되며 배터리가 원가의 40%에 이르면서, 머지않아 자동차 부품원가의 절반이상이 전기 전자부품이 될 것이라고 한다. 따라서 기존의 전통적인 부품기업들은 핵심경쟁력을 전자화분야로 재 정의하고 전환을 서둘러야 할 것이다.

우리나라 고용노동부는 친환경차 시장이 2030년 신차 판매량의 30%일 경우에 엔진과 변속기 등 부품산업 관련 기업 4,185곳(관련 종사자 수 10만 8,000명)에 대한 사업재편이 불가피하고, 고용유지에 어려움이 있을 것이라고 추산하고 있다. 전기차로의 전환은 관련 산업의 급격한 구조조정과 실업문제를 야기한다는 것이다.

여섯째, 자동차부품산업의 구조조정이 필요하다. 내연기관차를 중심으로 만들어져 있는 부품산업 중 많은 기업들이 새로운 부품으로 전환하거나 기존의 부품을 전기차에 맞도록 변환할 수 있도록 지원이 필요하다. 현재 우리나라 부품시장에는 동일한 부품을 가지고 경쟁하는 회사도 많고, 규모가 너무 작아 경쟁력이 없는 회사도 많다. 자동차산업에서 매출액 500억 이하의 규모는 별로 의미가 없다. 구조조정펀드와 같은 것을 만들어 부품회사 여럿을 인수 · 합병해서 규모를 키우거나, 새로운 업종에 투자를 하거나, 업종전환을 하도록 유도할 필요가 있다.

Chapter

3

글로벌 자동차 기업

1. 도요타자동차

2. 폭스바겐(VW)그룹

3. 제너럴 모터스(GM)

4. 르노-닛산-미쓰비시 연합

5. 스텔란티스

6. 포드자동차

7. 혼다자동차

8. 다임러그룹

9. BMW그룹

10. 중국의 자종차기업

11. 일본의 자동차기업

12. 테슬라 주식회사

13. 현대자동차그룹

14. 한국GM, 르노삼성, 쌍용

1. 도요타자동차

세계 초일류 자동차기업

일본 도요타자동차는 2020년도에 판매 실적 992만대(자체발표 기준 세계 1위), 매출 281조원, 순익 23조원을 기록한 세계 초일류 자동차 그룹이다. 경차메이커 다이하쯔, 트럭 버스 히노를 거느리고, 스바루자동차의 주식을 20% 소유하여 자회사로 두고 있고, 이스즈와 자본제휴와 합작회사 관계를 맺고 있다. 2014년 자동차 판매대수 1,000만대를 돌파하며 오랫동안 세계 1위를 유지하고 있다. 미래 비전으로 2030년에 하이브리드차(HV)와 전기차(EV) 등의 판매 목표를 800만대로 제시하고 있다.

1937년 도요타 직물기계공장에서 설립된 도요타자동차공업은 트럭을 주력으로 생산하다가, 일본 패망 후 파산위기에 직면하자, 인원감축을 포함한 대규모 구조조정을 시행하면서 도요타만의 '위기의식'과 신뢰기반의 노사관계 등이 정립되고, 낭비를 없애자는 '도요타 생산방식'의 틀을 세우게 된다. 특히 도요타는 1950년대 정리해고를 둘러싼 노사갈등을 이겨내고, 60여 년간 무쟁의 기록의 노동조합을 가진 회사가 되었다. 도요타는 '낭비추방의 경영 모범

생'으로서 '현지 현물주의 경영'의 원조이며 '마른 수건도 짜는 구두쇠 상법'으로도 유명하다. 이러한 '도요타방식'을 배우려고 일본열도는 물론 전 세계기업들이 도요타 학습 열기에 빠져 있으며, 도요타 연구 서적만도 연간 수십 종에 이른다. 이러한 성장의 비밀은 조직 곳곳에 스며들어 스스로 진화하는 특유의 DNA를 지닌 기업으로서, 누구도 따라잡기 어려운 명실상부하게 일본 경제를 대표하고 이끌어가는 일본의 최고 자랑거리이다. 도요타는 1997년 친환경자동차 시장에 '프리우스'를 내놓으면서 하이브리드 차 시장을 주도하였고, 프리미엄 카 렉서스의 모든 모델에까지 하이브리드 버전을 확대하였다. 그러나 도요타자동차는 2010년 천만대가 넘는 '매트 끼임 리콜사태'로 배상액만 3조4천억 원을 부담하며 위기를 넘겼다.

렉서스(Lexus)는 글로벌의 상징으로 표현된다. 렉서스는 일본이 낳은 최고의 프리미엄 브랜드로서 초창기 타의 추종을 불허하는 품질, 기존 고급차의 절반 가격, 유례를 찾기 힘든 초강력 서비스, 도요타와는 전혀 새로운 브랜드로 자동차업계의 상식을 완전히 뒤엎은 '렉서스'는 1988년 출범이래 순식간에 톱 브랜드로 등극하였다. 이런 렉서스의 성공요인은 무엇일까? 개발 프로젝트의 5가지 원칙 즉 첫째, 럭셔리 카에 어울리는 품위와 감성이 확실할 것 둘째, 최고의 품질을 실현할 것 셋째, 높은 중고차 가격을 유지할 것 넷째, 우수한 성능을 보유할 것 다섯째, 최고수준의 안전도를 갖출 것을 끝까지 준수하는 것이었다. 그리고 탁월한 새로운 브랜드 전략이다.

2. 폭스바겐(VW)그룹

Volkswagen (Germany)

Audi (Germany)

Bentley (UK)

SEAT (Spain)

Lamborghini (Italy)

SKODA (Czech)

PORSCHE (Germany)

MAN (Germany)

▌전 차종에서 190개 모델을 생산하는 종합자동차그룹

폭스바겐의 2020년 실적은 판매대수 931만대로 전년(1,098만 대) 대비 15% 감소했다. 매출 2,229억 유로(약 299조원) 전년대비 11.8% 감소하였으며, 순이익 89억 유로를 기록했다. 전 세계 전기차 시장 2위인 폭스바겐 그룹은 2025년까지 전동 화에 350억 유로를 투자해 2030년까지 70종의 전기차 모델을 선보일 계획이다.

아우디와 포르쉐 등을 보유한 폭스바겐그룹은 브랜드별 차별화로 서로 간섭이 일어나지 않는 12개 브랜드 190개 모델을 보유해, 소형차부터 대형차, 저가 차에서 최고급차, 트럭 등 전 차종을 아우른다. 폭스바겐 산하의 자동차 회사로는 벤틀리(영), 부가티(프), 포르쉐(독), 슈코다(체코), 만(독), 네오플란(독), 스카니아(스웨덴), 아우디(독), 두카티(이), 람보르기니(이), 이탈디자인 쥬지아로(이), 세아트(스페인), 콰트로가 있다. 모든 종류의 탈것을 제작할 수 있는 유일한 회사이다.

아우디(AUDI)는 벤츠의 엔지니어 출신이었던 아우구스트 호르히가 1909년 설립하였다. 1932년 아우디 등 4개사가 합병하여 아우토

유니언을 만들었고, 1958년에 다임러-벤츠에 인수되었다가 1964년 폭스바겐 그룹에 다시 인수되었다. 아우디는 '기술을 통한 진보'라는 경영철학 하에 풀타임 4륜구동 콰트로, 터보디젤 직 분사 엔진 등 첨단 기술을 개발하며 프리미엄 자동차 브랜드로 자리매김했다. 아우디는 승용차 A3~A8시리즈와 S시리즈, SUV 라인 Q시리즈, 스포츠카 라인 TT와 RS라인이 있고, 초고성능 슈퍼카 R8로 연간 150만대를 판매한다.

폭스바겐의 성공비결은 높은 품질과 성능의 풀 라인업 체제를 갖추고, 간결한 디자인에 실용성과 내구성이 뛰어나다. 플랫폼 하나로 여러 가지 차를 만들어 내는 방식도 생산비를 절감한다. 이 모든 전략을 뒷받침하는 단단하면서도 잘 고장 없는 성능은 한번 구매한 고객을 평생 고객으로 만들기 충분해 보인다. 또한 끊임없는 원가절감노력이다 폭스바겐은 여러 브랜드를 같은 플랫폼으로 제작함으로써 원가를 절감하는데 선구적이었다. 골프에 사용된 A플랫폼은 대략 20여 차종에 적용되어 총 생산대수는 수백만에 이른다. 또한 생산방식도 레고를 조립하듯 블록화를 이루는 모듈 매트릭스 방식에 혼류생산이 도입되어 원가를 절감한다.

중국에서의 성공과 '폭스바겐 5% 룰'의 연구개발 투자

폭스바겐그룹은 1984년 글로벌기업으로는 당시 아무도 그 성장세를 모르는 다른 기업과 달리 위험을 무릅쓰고 최초로 중국에 합작법인을 세워 진출하였다. 폭스바겐은 초창기부터 안락하며 큰 사이즈, 번쩍이는 디자인 등 중국 소비자들의 기호를 고려한 신제품을 계속 내놓고 있다. 또한 2016년 세계 1위에 오른 것은 그룹 매출의

40%를 담당하는 중국시장에서 398만대를 팔았는데, 중국은 가솔린 자동차 중심으로 디젤게이트의 영향을 받지 않았기 때문이다. 또한 '폭스바겐 5% 룰'로 매출의 5%이상을 전 세계 어느 사업장에도 연구개발에 투자하는 원칙을 변함없이 지키고 있다.

협력적 노사관계

1993년 폭스바겐은 위기를 맞았다. 당시 고임금, 저생산성이라는 고비용 구조를 안고 있었다. 위기를 타개하려면 이 구조를 깨는 게 필수적이었다. 하지만 노조가 버티고 있었다. 노조는 구조조정을 완강히 거부했다. 폭스바겐은 이때 2년간 고용안정을 약속하는 대신 20% 임금삭감, 워크셰어링 도입, '근로시간 계좌제' 도입을 이끌어냈다. 특히 '근로시간 계좌제'는 특근 때 지급하던 시간외수당을 지급하지 않고, 개인별로 적립된 근로시간은 조업단축 때 적립된 근로시간만큼을 계산해 임금을 지급한다. 이로 인해 회사는 수요변화에 따라 생산량을 탄력적으로 조절하면서도 일정한 급여를 지급받을 수 있어 회사와 종업원 모두 만족할 수 있는 제도다. 일감을 나누는 워크셰어링도 비슷한 효과를 냈다. 이 덕분에 폭스바겐은 협력적인 노사관계를 구축하면서 비용을 절감하고 생산유연성을 높일 수 있었고, 이런 협력적 노사관계는 폭스바겐을 글로벌 자동차 업체로 도약하게 만든 요인으로 꼽힌다.

3. 제너럴 모터스(GM)

　제너럴 모터스(GM)는 미국 디트로이트에 본사를 두고 있는 공기업으로서, 2019년 세계 5위 판매대수 626만대, 매출액은 1,372억 달러, 이익 55억 달러의 미 최대 자동차그룹이다. 1904년 듀란트가 뷰익을 매수하면서 시작된 GM은 1908년 캐딜락과 올즈모빌, 폰티악을 합병해 GM그룹을 설립하였다. 1911년 쉐보레 브랜드를 1929년 독일 오펠을 비롯해 영국 복스홀과 호주 홀덴 브랜드를 인수해, 2008년 도요타그룹에 1위를 빼앗기기 전까지 무려 77년간 세계 1위를 지키며 자동차왕국을 지켰다.

　2008년 미국 금융위기로 인하여 2009년 6월 파산 신청 후, 미국 정부 소유의 공기업으로 바뀌게 되었다. GM은 쉐보레, 캐딜락, GMC, 뷰익, 한국GM, 홀덴 등 6개 브랜드만 남겨두고, 사브를 비롯해서 허머, 새턴, 폰티악 등 4개 브랜드를 정리하였다. 뼈를 깎는 구조조정 결과, 2011년 903만대의 차량을 팔아 도요타를 따라잡고 세계 1위 자리를 잠시 탈환하다가, 2013년 이후 2,3위로 밀렸고, 다시 미국의 경기회복으로 1천만대를 넘나들었으나 또 밀려나면서 2020년 5위로 주저앉았다.

　GM은 자율주행차 개발을 맡고 있는 스타트업 '크루즈'는 MS사로 부터 약 2조원의 투자를 유치하였고, 전기차 시장에서 2025년까지 전기차 100만대 양산 계획을 갖고 있다. 2021년 LG에너지솔루션과 2조7,000억 원을 공동 투자해 배터리공장을 준공하였다. GM은 2035년까지 내연기관 차량 생산을 중단한다고 선언한 이후, 배터리 부문의 수직계열화를 추진 중이다. 또한 모빌리티 등 새로운 신사업으로 전기트럭 배송 서비스 '브라이트 드롭'을 선보이며 물류사업에 혁신을 일으키고 있다. 다만 오랜 경영문화, 연금 의무, 노동조합 등의 과제를 안고 있는 전통 완성차 업체가 테슬라처럼 혁신적인 모빌리티 기업으로의 구조적인 변화는 쉽지 않을 것이다.

4. 르노-닛산-미쓰비시 연합

RENAULT NISSAN MITSUBISHI
르노-닛산-미쓰비시 얼라이언스
(Renault-Nissan-Mitsubishi Alliance)

1898년 설립된 프랑스 르노그룹은 123년이 넘는 역사를 가지고 있으며, 규모나 인지도 면에서 PSA(푸조-시트로엥)그룹과 함께 프랑스를 대표하는 자동차 기업으로 프랑스 정부가 르노 자동차 15%, PSA 12% 지분을 각각 보유하고 있다. 1999년 일본 닛산의 지분을 인수하고 '르노-닛산 얼라이언스'를 출범시켰다. 각사의 독립성을 인정하는 구조지만, 닛산이 가지고 있는 르노 지분보다 르노가 가지고 있는 닛산 지분이 훨씬 많아 사실상의 인수로 보고 있다. 같은 해 루마니아 브랜드인 다치아를 인수하고, 2000년에는 법정관리에 들어간 삼성차를 인수해 르노삼성을 만들었다. 이후 러시아 최대의 자동차회사 아브토바즈 지분을 74.5% 보유하였다. 또 2016년 닛산은 일본 미쓰비시자동차의 지분 34%를 인수하여 르노-닛산-미쓰비시 연합(Renault-Nissan-Mitsubishi Alliance)을 형성하게 되었다. 이들 동맹은 2019년 기준 세계 자동차판매 업체별 순위에서 1위 폭스바겐 1,097만대, 2위 도요타 1,074만대에 이어, 르노-닛산-미쓰비시 연합 1,015만대의 판매량으로 3위를 기록했고, 2020년 795만대를 판매하여 계속 3위를 이어가고 있다.

르노는 1899년 창업주 르노 형제가 설립하였다. 세계 최초의 2도어 세단과 구동 기어를 사용한 인기로, 1910년대에 유럽 최대의 자동차 기업으로 성장하였다. 세계 대전 때 군수산업에도 참여해

결국 전범기업이 되어 국유화되어, 오늘날까지 프랑스 정부가 지분을 가지고 있다. 르노의 소형 트윙고, 클리오, 준중형 메간, 중형 미니밴 에스파스, SUV 캡처 등은 베스트셀러로 명성이 높다.

닛산은 2019년 493만대(2018년 551만대) 판매로, 9조9천억 엔(약 100조원)의 매출을 기록하였다. 전기차와 자율주행차에 투자와 기술력을 보유해 세계 최초 양산형 전기차인 리프를 만들었고, '니시모' 로봇을 선보였다. 닛산만의 자율운전 시스템인 프로파일럿은 현재 2.0으로 업데이트 되어 일본에서 가장 앞서고 있다.

미쓰비시자동차는 1970년에 미쓰비시 중공업에서 독립했다. 2016년에 닛산자동차에 인수되었고, 현대자동차의 창업 초기부터 2000년대 초반까지 포니, 그랜져 등 승용차와 SUV의 가솔린과 디젤 엔진 기술 및 메커니즘을 뒷받침해 준 회사이다. 사세가 계속 하향하고, 적자도 늘어나고 있다. 2020년 80만대를 판매하였으며, 주요 모델로 랜서, 미라즈, 이클립스, 아웃랜더, 파제로 등이 있다.

5. 스텔란티스

FCA와 PSA가 2019년 10월 합병에 합의하고, 2021년 초 합병 안이 최종 승인되면서 '스텔란티스'로 출범하였다. 스텔란티스그룹은 이탈리아 · 미국이 합작한 피아트크라이슬러(FCA)와 프랑스 PSA가 합병한 회사로 피아트 · 마세라티 · 크라이슬러 · 지프 · 닷지 · 푸조 · 시트로엥 · 오펠 등 14개 자동차 브랜드를 보유하고 있다. 2020년 기준 판매량은 680만대로 글로벌 4위 자동차업체에 해당한다. 2021년까지 10개 차종의 전기차를 발표하고 2025년부터 신차는 모두 전기차로만 선보인다고 선언하였다.

피아트-크라이슬러그룹(FCA: Fiat-Chrysler Automobiles)은 이탈리아 최대의 자동차회사이자 최대 그룹으로 1899년 설립된 유럽의 유서 깊은 명문기업이다. 현재는 란치아, 알파로미오, 마세라티, 페라리를 거느리고, 2009년 크라이슬러를 합병하여 지프, 닷지 등 13개 브랜드로 글로벌시장에서 500만대를 팔며, 1,100억 유로의 매출을 올리는 세계 7위의 자동차 그룹이었다. 한편 프랑스 최대 자동차 제조사인 푸조 시트로엥 PSA 그룹은 2020년 290만대를 판매하여 세계 9위의 자동차기업이었다. 푸조는 1886년에 증기기관을 장착한 3륜차와 2륜 오토바이크 등을 만들면서 자동차기업으로 출범하였다. 1976년에 시트로엥을 흡수하였다.

6. 포드자동차

'자동차의 왕'으로 부르는 헨리 포드가 1903년 설립하여 120년의 역사를 가진 세계적 명문기업이다. 1908년 자동차 역사의 한 획을 긋는 '모델 T' 모델은 1927년까지 19년간 1,500만대를 판매하며 미국 자동차대중화시대를 열었고, '포드생산혁명'을 일으켰다. 미국 GM은 구조조정을 거쳐 공기업이 되었고, 크라이슬러는 스텔란티스그룹으로 편입된 반면, 독자적으로 생존을 유지해 오고 있다. 유럽 포드는 유럽시장에서 상당히 평이 좋은데 특히 영국시장에서는 자동차 업계 점유율 1위를 차지하고 있다. 이는 포드가 설립 당시부터 영국에 진출한데다 현재 유럽 자동차산업의 메카인 독일에도 진출한 지 90년이 넘을 정도로 이미 유럽 화되었기 때문이다.

링컨(Lincoln)은 포드의 럭셔리 브랜드이자 캐딜락과 함께 미국 프리미엄 브랜드의 양대 산맥 중 하나이다. 또, 20세기부터 성공한 사람이 타는 고급 자동차의 아이콘이며, 우아함과 품격을 갖춘 대표적인 아메리칸 클래식으로 미국에서 사랑과 지지를 받는 브랜드이다. 포드에는 세계적 베스트셀러인 F시리즈 트럭, 링컨, 포커스, 몬데오, 피에스타, 머스탱, 익스플로러 등의 인기모델이 있다. 특히 F시리즈의 대표작 F-150 픽업은 포드 매출의 절반을 차지하는데다가 35년 이상 미국 자동차 판매량에서 절대 1위를 놓치지 않는다. 포드의 2019년 매출액 1,559억 달러, 2020년 판매대수 415만대로 미국 2위, 세계 7위의 글로벌기업이다.

7. 혼다자동차

Honda (Japan)

Acura (Japan)

　1946년 혼다기술연구소를 설립해 모터바이크를 만들기 시작해서 지금까지 수십 년간 기술과 판매 모두 세계 1위를 유지하고 있다. 1964년부터 자동차를 만들기 전에 포뮬러1에 도전하였고, 일본 빅3 메이커 중 중 처음으로 미국 등 해외진출로 시장개척에 주력하였고, 시빅과 어코드 모델이 미국 소비자에게 인기를 얻어 순식간에 세계의 혼다가 되었다. 1986년에는 어큐라(Acura)라는 고급형 브랜드를 만들고, NSX와 레전드 등의 모델을 출시하여 인기를 끌었다. 1995년 미니밴 오디세이와 CR-V를 출시했다. 특히 CR-V는 연간 70만대가 팔리는 인기모델이다. 2021년 세계 최초로 레벨3의 자율주행차를 시판하였다. 항공기 엔진을 연구, 개발하여 소형 항공기를 제작하였고 인공지능 로봇 개발에도 착수하여 2000년 아시모 로봇을 공개했다. 일본 순혈주의를 내세우고 끊임없는 혁신기업으로 브랜드 평판도가 높고, 2020년 450만대를 판매하며 세계 7위를 유지하고 있다.

8. 다임러그룹

Mercedes-Benz
(Germany)

Maybach (Germany)

Unimog (Germany)

Smart (Germany)

다임러그룹은 메르세데스 벤츠, 마이바흐, 스마트, 유니목, 메르세데스 AMG, 미쓰비시 후소 등의 브랜드와 은행업 등 다양한 사업으로 2020년 255만대를 팔아 매출액 213조원, 순이익 5조3천억원을 기록하였다. 다임러 벤츠는 자동차의 아버지 '칼 벤츠(K Benz)'와 '고틀립 다임러(G Daimler)'가 창업한 회사이다. 벤츠가 1886년 1월 최초로 가솔린엔진차를 개발했고 다임러도 같은 해 '말 없는 마차'라는 이름의 차를 개발한 회사가 1926년 합병을 통해 오늘에 이르게 되었다.

아우디, BMW와 함께 독일 3대 고급 승용차 브랜드 메르세데스 벤츠는 최고의 명차 프리미엄 브랜드로서 성능 좋고 안전한 차로 불린다. 다임러 벤츠의 1백년이 넘는 역사는 세계 최초라는 역사 타이틀만도 휘발유자동차, 자동차레이스 우승, 디젤자동차에 이르고, '최고가 아니면 만들지 않는다.'라는 메르세데스의 창업정신이 오늘까지 이어지고 있다. 메르세데스-벤츠는 2019년 지속 가능 전략 '앰비션(Ambition) 2039'를 발표하며, 2039년까지 탄소 중립을 실현하기 위해, 2030년 생산하는 자동차의 50%를 '전기구동기반 모델(전기차, 플러그인하이브리드)'로 전환할 계획이다.

9. BMW그룹

BMW (Germany)   MINI (UK)   Rolls-Royce (UK)

독일 BMW그룹은 1916년 창립하여 100년이 넘는 역사를 가진다. 현재 고급 소형차 미니부터 최고급 브랜드 롤스로이스까지 다양한 브랜드를 가지고 있다. 2020년 코로나19 팬데믹 영향으로 전년 대비 8.4% 감소한 232만5천대의 자동차를 판매했다. 매출은 990억 유로(약136조원)를 기록했다. BMW그룹은 2025년부터 연평균 20% 이상씩 증가, 2030년 전체 판매량 50% 이상을 전기차로 한다는 계획을 가지고 있다. 이 예측대로라면 향후 약 10년 동안 전 세계에서 1천만대 이상의 BMW 전기차가 판매될 것으로 전망된다.

1970년대 중반 미국 광고회사가 창안한 "최고의 드라이빙 머신"이라는 BMW그룹은 전 세계에서 가장 역동적인 자동차 회사이자 가장 존경받는 자동차회사로 BMW 브랜드는 진정성과 일관성으로 정평이 나있다. 꾸준히 높은 수익률, 지속적으로 잘 팔리는 제품, 일관되고 분명한 마케팅 메시지를 가지고 진정한 '자동차'를 만드는 탁월한 회사로 이제는 세계적으로 각 프리미엄 세그먼트에서 메르세데스 벤츠와 경쟁하고 있다.

BMW는 제품개발과 마케팅 분야에서 독특한 지위를 차지하고 있다. 경쟁사들이 디자인, 엔지니어링, 품질, 마케팅 등 모든 면에서 BMW를 벤치마크 한다. BMW의 원칙은 "즐거운 드라이빙이다. 재미 있게 만들어라, 무엇이든 그것은 즐거워야한다"라는 것이다. 그들이 이러한 원칙에 전념하기 때문에 한결같은 존경을 받는 것이다.

10. 중국의 자동차기업

중국의 자동차기업은 대부분이 국가 또는 지방 소유의 국영기업이다. 형태 별로 나누면 자체 생산(로컬 브랜드)기업, 외국합작기업(또는 전략적 제휴사), 인수한 외국기업 등으로 구성되었다. 자체 생산 기업으로는 창청그룹과 전기차 생산의 BYD가 있고, 자체 생산 기업과 외국합작사로 구성된 경우는 이치·동펑·베이징·창안·광저우·화천 자동차그룹 등이 있다. 자체생산사와 인수한 외국기업으로 구성된 경우는 지리자동차그룹(볼보 등)이 있고, 모든 형태를 가진 종합그룹으로 상하이자동차그룹이 있다. 중국 내 국영기업인 상하이자동차, 동펑자동차, 창안자동차, 이치자동차, 체리자동차를 빅5로 꼽는다. 한편 2020년 중국 브랜드별 판매 1위는 이치VW 207만대, 2위 상하이VW 150만대, 3위 상하이GM 147만대, 4위 지리 132만대, 5위 동풍닛산 121만대를 기록하고 있다.

중국 최대 자동차 회사인 △상하이자동차그룹은 GM, VW 등과 합작으로 2019년 판매량은 623.8만대로 중국 시장 점유율 22.7%의 1위 그룹이다. △이치자동차(FAW)그룹은 중국에서 최초의 국유 자동차기업으로 2019년 판매량은 346.4만 대, 매출액은 약 106조 원, 순이익 약 7조 5천억 원을 달성했다. 1991년부터 VW과 합작하고,

의전 차량으로도 유명한 프리미엄 승용차 브랜드인 '홍치'를 비롯해, 중국 중대형 트럭시장에서 3년 연속으로 최대 판매량을 기록했고, 세계 상용차시장에서 2년 연속으로 1위에 오르고 있다. △창안자동차는 중국에서는 가장 오래된 자동차 회사로 3위 자동차그룹이다. 2016년에는 판매량 300만 대를 돌파하기도 했다. △동펑자동차 그룹은 승용차, 상용차, 전기차, 군용차 등 다양한 자동차 모델을 생산한다. 프랑스 PSA 그룹의 3대 주주로 14% 주식을 보유하고 있다. △민간기업 지리그룹은 2020년 총 210만대의 차량을 판매했다. 지리 그룹은 말레이시아 '프로톤', 영국 고급차 브랜드 '로터스', 스웨덴 '볼보', 볼보 산하 고성능 전기차 브랜드 '폴스타' 등의 브랜드를 다수 소유했다.

볼보는 글로벌 판매량 66만대를 기록하며, 전기자동차뿐만 아니라 자율주행에 있어서도 전통적인 자동차 제조사 중 선두 그룹에 있다. 볼보는 오는 2025년까지 전기차 비중을 50%로 확대하고, 2030년에는 100% 전기차로 전환한다는 목표를 세웠다. 한편 지리는 다임러의 주식 9.7%를 보유하고 있다.

11. 일본의 자동차기업

스즈키 주식회사는 소형차 전문의 일본 중견 자동차회사로 모터사이클을 비롯한 ATV, 소형 선박 엔진 등도 생산하고 있다. 혼다와 함께 세계 바이크 시장을 주도하고 있다. 2020년 세계 자동차 판매대수는 244만8천대였다. 일본 국내 판매대수는 혼다를 제치고 도요타에 이어 2위를 기록했다. 인도 마루티와의 합작사인 마루티 스즈키를 통해 현재 인도에서 절반이 넘는 시장 점유율을 보유하고 있다. 인도 승용차시장의 1위 업체 마루티 스즈키는 인도의 국민차 브랜드로서, 2019년 기준 판매대수가 149만 대(50% 점유율)로 현대자동차 51만 대(17%)의 세배나 된다.

마쓰다자동차는 일본 내수 4위의 기업으로서, 2019년 미국에서 40만대를 포함하여 전 세계에서 142만대를 판매하였다. 미국 포드와 오랜 제휴관계를 맺고 있으며, 기아가 현대차그룹으로 들어오기 전에 기술제휴를 통해 승용차 모델과 봉고를 선보였다. 탁월한 디자인이 돋보이는 마즈다 MX 5와 CX시리즈 그리고 마즈다 2,3,5,6시리즈가 인기모델이다.

ISUZU 이스즈자동차는 1916년 세워진 일본에서 가장 오래된 자동차기업이다. 경차와 트럭, 버스 등의 상용차를 생산하는데, 2020년 기준 약70만대를 판매하였다. 디젤 엔진에서 정평이 나 있으며, 2006년 도요타자동차와 자본제휴를 맺었다.

12. 테슬라주식회사

테슬라주식회사(Tesla, Inc.)는 2003년 설립되어 미국 캘리포니아에 기반을 둔 전기자동차와 에너지회사이다. 2004년 일론 머스크가 초기 투자자로 참여한 후 곧 CEO가 되었다. 회사이름은 미국의 유명한 물리학자이자 전기공학자인 니콜라 테슬라의 이름을 따서 지었다. 2010년 6월 나스닥에 상장되었고, 현재 자동차업체 중 시가총액 1위 기업이다. 테슬라의 사업은 전기차 제조를 비롯한 전기차의 '테슬라 소프트웨어'라는 자체 통합 운영체제(OS), 자율주행차 개발, 에너지 저장 사업, 배터리 사업 등을 영위하고 있다.

특히 CEO 일론 머스크의 위대한 발상과 영향력에 힘입어 세계적으로 주목받고 있다. 그는 21세기 디지털 시대 최고의 비전지향의 슈퍼 리더로 꼽힌다. 원대한 비전을 제시하고 달성해가는 전략이 아주 구체적이며 그것을 달성하기 위해 제휴와 협업을 통해 필요한 기술과 지식을 하나하나 습득하며 자신만의 방법으로 해결해 나가는 모습이 보이기 때문이다. 최고의 인재를 모으고 세상을 바꾸려고 전기차, 에너지 저장, 우주운송, 뇌 이식 디바이스, 초고속 지하 수송터널 등의 기상천외한 사업을 꿈꾸고 실현하고 있다. 그를 위대한 몽상가라고 부르기도 한다. 특히 7천조 원까지 성장할 것으로 예상되는 모빌리티 서비스 시장의 맹주가 되기 위해 테슬라의 비즈니스 모델을 바꾸고, 일하는 방식과 제도를 변화시켰으며, 제조공정도 혁신하고 있다.

2020년 전기자동차 모델은 4종(S,3,X,Y)으로 연간 판매대수는 49만 9,647대, 매출 315억 달러이다. 세계 전기차시장(219만대)에서 점유율 22%로 1위를 차지했다. 테슬라의 전기차 판매량은 2022년 1백만대, 2025년 300만대를 목표하고 있다. 생산 공장은 미 프리먼트와 텍사스, 중국 상하이, 독일 베를린에서 두고 있으며, 2025년 300만대는 가능하지만 '2030년 2,000만대 생산목표'는 아직은 미지수이다.

13. 현대자동차그룹

HYUNDAI
MOTOR GROUP

세계 6위의 자동차그룹

현대자동차는 정주영회장이 1967년 창업하여 국산화를 통해 국내 굴지의 자동차 회사로 입지를 굳혔고, 정몽구회장의 주도로 1998년 기아자동차 인수를 계기로 2000년 9월1일 현대자동차그룹(현대기아차그룹)으로 출범하였다. 2010년 현대제철 일관제철소의 준공으로 쇳물에서 자동차까지 이르는 산업의 수직계열화를 완성시켰다. 현대차는 기아차 인수와 독자적인 글로벌 전략으로 2013년 737만대 생산하여 'Global Top 5' 목표를 이루었다. 2019년 기준 그룹의 42개 계열사, 임직원수 28만 명, 매출 279조원, 자산 순위 국내 2위 그룹이고, 자동차 3사 매출은 202조원(현대차 106조원, 기아차 58조원, 모비스 38조원)에 달한다.

현대차그룹은 2019년은 세계시장 점유율 8.4%(현대차 5.05%, 기아 3.35%), 719만대(내수 126만대, 해외 593만대) 판매를 기록하였고, 2020년은 코로나 19 여파로 652만 대 수준에 그쳤다. 이는 전동화 모델 및 신차를 중심으로 한 국내 시장에서의 판매 호조에도 불구하고, 코로나19로 인한 해외시장의 수요 위축의 영향에 따른 것이다. 다만 현대차와 기아의 2020년 전기차 판매량은 7.2%로 세계 4위이다. 2021년 전기차 전용 플랫폼(E-GMP)을 적용한 현대차 '아이오닉5'과 기아 'EV6'도 선보이고, 2025년 전기차 23종으로 100만대를 판매하고, 시장점유율 10% 이상을 달성하는 목표를 내세웠다.

세계최대 규모의 단일 공장 - 현대자동차 울산공장

현대자동차의 가장 중요한 생산기지인 울산공장은 세계최대 규모의 단일 공장이다. 프레스, 차체 조립, 도장, 의장조립의 4라인을 가진 완성차 공장이 5개나 있고, 자동차의 주요 소재를 만드는 9개의 주조공장, 7개의 엔진공장, 변속기 공장, 시트공장 외에 20만평 규모의 종합주행시험장과 전용운반선 3척을 동시에 접안할 수 있는 수출 선박부두도 있다. 150만평의 부지에 연건평 70만평의 생산설비에서는 하루 평균 7천여 대의 차량이 생산된다. 근무시간 대비 생산대수로 보면 평균 10초에 1대가 자동차라인에서 나오는 셈이다. 공장직원은 3만여 명으로 2교대제로 16시간, 년 250일 작업시 연간 생산량은 약 160만대에 달한다.

현대차그룹의 성공요인

2000년 이전까지 현대자동차는 세계 자동차시장의 주류에서 벗어나 일본차의 아류에 불과한 싸구려 차를 만드는 회사로만 인식되었다. 기술은 일본 미쓰비시자동차의 원천기술에서 겨우 벗어나고 있었고, 품질도 J.D파워 품질조사에서 기아차와 함께 최저의 평가를 면치 못했으며, 제품도 쏘나타와 같은 한 두 인기차종을 제외하고는 모든 모델의 브랜드 인지도는 바닥 수준이었다.

현대차그룹은 이러한 모든 과제를 단시일 내에 극복하고 세계 자동차업계 주류로 등장하자 세계 자동차업계도 놀라고 있다. 그러나 아직도 현대차그룹에는 강성노조와의 불안정한 노사관계, 80%에 이르는 독과점 내수시장 의존, 친환경 미래 차 개발에서의 기술격차 등의 문제를 안고 있다. 그럼에도 불구하고 앞으로 다음과 같은 강점과 성공 요인을 바탕으로 세계적 경쟁력을 갖춘 기업으로 성장한 것이다.

첫째, 오너십을 바탕으로 한 강력한 리더십의 현대차시스템이다. 강한 열정을 바탕으로 조직에 위기감을 조성하고, 탄탄한 긴장감으로 목표도전을 독려하며, 부단한 개선을 이끌어가는 현대차그룹 특유의 도전과 돌파 정신, 그리고 스피드하게 움직이는 오너의 리더십이 압축성장의 배경이라고 할 수 있다.

둘째, 1998년 기아자동차 인수 이후 그룹체제를 구축하고, R&D 통합, 플랫폼 공동개발, 부품공유화와 모듈화 확대 등의 규모의 확대. 성과와 통합 시너지가 극대화되었기 때문이다. 여기에 종합제철소를 준공하며, 자동차그룹으로서 철강-부품-완성차의 수직계열화와 생산-판매-서비스-물류-할부금융 등 수평계열까지 완성함으로써, 고부가가치와 밸류체인 시스템을 만들었다.

셋째, 품질경영의 성공으로 브랜드가치가 올라가고 재 구매율이 높아지면서 수출 단가도 함께 높아져, 글로벌기업으로서 성장하는 원동력이 되었다. 현대기아차는 1999년 당시로는 파격적인 '10년 10만마일 워런티'를 앞세워 미국 시장 개척에 효과를 봤다. '2년

2만4,000마일 워런티'가 일반적이던 시절에 4배가 넘는 보증조건
은 소비자의 호응을 얻기에 충분했다. 경쟁사들은 현대기아차 워런
티만 앞세운 탓에 비용부담으로 큰 손실을 보게 될 것이라고 전망했
다. 하지만 현대차가 품질마케팅으로 성공하자 일본 회사들도 하나
둘 보증수위를 높이기에 이르렀다. 2002년부터는 부품협력업체의
품질, 기술, 납품에 대한 수준을 제고하고, 품질우수업체에 대한
공신력 있는 평가를 위해 '품질5스타' 제도를 실시해오고 있다.

넷째, 자동차에 대한 제품기술과 공장운영의 축적된 역량을 충실
하게 구축하고 진화시켰기 때문이다. 세계 최대의 단일 공장인 울산
공장의 운영 경험과 기술을 국내 신 공장과 해외 현지공장에 이전
확산시키는 기술의 축적과 진화 능력이 탁월하기 때문이다.

다섯째, '현대속도'라 부를 만큼 신속하게 글로벌 전략을 전개하
였기 때문이다. 미국 현지공장 진출, 중국 합작사업 확대, 동유럽
· 인도의 생산시설 확충이 성공적으로 추진하여, 2021년에는 국내
340만대 해외 600만대 생산체제를 갖추었다.

여섯째, 북미시장에서의 성공적 전략으로 기사회생한 것이다.
1990년대 중반 워낙 싼 가격에 할인과 인센티브에도 고객은 멀어져
갔고 딜러는 불만이 쌓여 1년에 겨우 9만여 대를 파는 벼랑 끝에
몰린 상황에서 나온 '10년 10만 마일 품질보증' 전략과 '가격에 비해
많은 것을 제공한다는 가치(Value)' 전략, 그리고 제네시스 브랜드
가 성공적으로 안착하였기 때문이다. 미국의 시장조사업체 제이디
파워(J.D. Power)사가 발표한 '2021년 신차품질조사(Initial Quality
Study)'에서 프리미엄 브랜드 2위를 차지하며 5년 연속 상위권에 올
랐다. 또한 자동차 내구품질조사에서 20년간 1위를 차지해온 도요

타 렉서스를 제치고 북미에서 판매되고 있는 32개 브랜드, 222개 차종 중 1위로 선정됐다. 현대차그룹은 차급별 평가에서도 제네시스 G80을 포함해 현대차 엑센트, 기아 쏘울, 기아 K3, 기아 스포티지, 기아 텔루라이, 기아 카니발 7개 차종이 선정되며 토요타그룹(5개)을 제치고 가장 많은 차급별 최우수 품질 상을 받았다. 이에 힘입어 아울러 미국시장 점유율이 2018년 7.3%→ 2020년 8.4%→ 2021년 5월 11%(현대 5.9%, 기아 5.1%)로 10%대를 넘어섰다.

일곱째, 내수시장에서 독점적인 지위를 일찍이 확보하였다. 현대차·기아는 2020년 내수 시장에서 총 134만대를 판매해 점유율 83%를 기록했다. 수입차를 포함해도 현대차·기아의 내수 점유율은 71%가 된다. 독점적 지위는 자동차 판매가를 지속적으로 올리고, 부품을 공급하는 협력사들을 상대로 납품단가를 인하할 수 있는 기반이 된다.

이밖에도 협력업체의 육성과 공급기반, 제네시스 브랜드의 성공적인 안착, 신차 디자인의 성공, 신차품질 우위에 이은 내구품질의 경쟁력 확보, SUV 라인업의 구축, 스포츠 마케팅의 성공, 성공적인 현지 생산과 현지 전략, 열정과 재능을 갖춘 기술인재 등을 꼽을 수 있다.

현대차그룹의 과제

현대차는 글로벌자동차 시장에서 스텔란티스, 포드, 혼다와 비슷한 중간급 규모 그룹으로 기술력과 브랜드로 업계를 선도하기 보다는 양산규모와 가성비로 경쟁력을 높여왔다. 최대 800만 대까지 갔던 판매량이 조금씩 떨어지면서 국내 내수시장을 제외하면 경쟁력이 한계에 이르러, 940만 대에 이르는 글로벌 생산능력에 비해 7백만 대를 밑도는 판매는 2백만 대 이상의 과잉생산 구조를 조정하고 고비용 저효율의 조립공장 생산성을 혁신해야 한다.

특히 국내공장의 낮은 편성효율로 미국공장의 편성 효율에 비해 약 1.7배 많은 인원이 있다. 이런 원인들은 노사문제에서 찾을 수도 있다. 작업현장은 약1백 명에 한 명꼴로 선출되는 대의원이 현장을 장악하였고, 생산성과 관련된 UPH, M/H, HPV는 물론 해고, 채용, 소소한 분쟁 등은 노조의 동의 없이는 어렵다. 노조는 노동의 최소화 즉 "일은 적게, 돈은 많이, 고용은 길게"가 최대 관심사이다. 이러한 노사환경에서 현대차그룹이 글로벌시장 경쟁에서 과연 생존할 수 있을까하는 의문 속에 반복되는 노사분규와 파업사태, 글로벌 자동차업계에서 보기 드문 강성 노조의 건재와 비정규직 근로자 해결문제, 그리고 더 이상 국내 신증설 투자를 기대하기 어려운 생산의 한계를 극복해야하는 문제를 수없이 안고 있다.

게다가 현대차의 연구개발 핵심인 남양연구소의 1만여 명의 엔지니어도 주 52시간에 묶여 더 일하고, 더 좋은 성과를 내도 충분한 보상체계가 부족한 현실에서 생산직이 주도하는 노조와 갈등을 빚고 있다. 테슬라의 일류엔지니어들과 일론 머스크처럼 성과와 목표를 향해 엄청난 집중력과 때로는 주 100시간의 강도로 일하면서 혁신해야 앞으로 살아남을 수 있다. 지난 50년 간 현대자동차가 얻은 성공의 경험은 이제 모빌리티 혁명의 거대한 변혁의 파도에서는 제약요소일 수 있다. 만연한 불필요한 형식주의, 생산라인 노동자의 잦은 파업, 보신과 이기주의의 조직문화, 본업 경쟁력에 벗어난 방만한 경영 등을 떨쳐내고 빨리 앞으로 10년간 벌어질 모빌리티 혁명의 대열에 합류해야 한다.

현대차그룹은 독과점의 내수시장을 확보하고 있지만 수입차의 공세에 대응해야하고, 해외에서는 고가차의 비중을 높여 저가차를 브랜드 이미지를 개선해야 한다. 특히 글로벌시장의 중심인 중국에서 토종기업의 저가 공세와 다국적기업에 밀려 시장점유율이 급격히 떨어졌다. 또한 승용차 중심에서 SUV시장으로 이동에 대비한 라인업의 신속한 대응도 급선무이고 국내시장에서 젊은 층의 기업 이미지가 갈수록 떨어지고 있는 것도 심각한 문제이다.

한편 프리미엄 럭셔리 차량은 자동차 전체 수요의 10%를 넘어서며 급속히 성장하는 거대한 시장이다. 제네시스는 그룹의 미래를 위해 독립된 프리미엄 브랜드로서 '제네시스 웨이'를 창출하는 것은 장기적인 판매증대와 수익향상을 위해 시급한 과제이다. 프리미엄 럭셔리 브랜드는 메르세데스-벤츠, BMW, 아우디, 렉서스, 인피니티와 같이 오랜 기간에 걸친 명성과 품질로 브랜드가치를 쌓아올려야 하고, 최고수준의 기술력이 뒷받침되어야 한다. 대중 브랜드로 각인된 현대차에서 전혀 다른 차원의 고급브랜드로 성공하기위해서는 전혀 다른 품질과 기술은 물론, 판매채널과 브랜드마케팅에 있어 획기적인 변화가 더 있어야 할 것이다.

현대차그룹의 미래 비전

현대자동차그룹은 미래사업의 50%는 자동차, 30%는 도심 항공 모빌리티(UAM), 20%는 로보틱스가 맡게 될 것이라며, 스마트 모빌리티 솔루션 기업으로의 성공적 전환을 선언하였다. 기존 내연기관차에서 절반은 전기차와 수소차, 자율주행차로 전환하고, 나머지 절반은 이전에 전혀 가보지 않은 UAM와 로보틱스로 전환한다는 것이다. 특히 전동화, 자율주행·커넥티비티, 모빌리티·AI·로보틱스·PAV(개인용 비행체)·신 에너지 분야 등 미래사업 역량 확보에 20조원을 투입한다. 기술혁신에선 수소전기차 넥쏘를 더욱 발전시켜 미래 수소시대에 대비하고, 자율주행차에 대해서도 2조 5천억 원에 달하는 투자로 인수한 '모셔널'이 자율주행 스타트기업으로 성공해야 한다.

▍현대자동차 - 375만 대 판매, 104조 원 매출, 6만7천 명 임직원

현대자동차는 1967년 12월에 창립한 한국 자동차의 대표기업이다. 2020년 374만5천 대(내수 78.8만 대, 해외 295.7만 대)를 판매하여 104조 원 매출에 1조9천억 원을 기록하고 있다. 2020년 한국시장에서 78.8만 대를 판매하여 41.7%의 시장 점유율(수입차 포함)을 기록했다. 미국시장(1,458만 대)에서는 62만 대를 판매해 시장점유율이 4.3%, 중국시장에서 전년 대비 32.3% 감소한 44만 대로 2.3%의 시장점유율, 인도시장에서는 전년 대비 17.0% 감소한 42.4만 대로 17.4%의 시장점유율을, 유럽시장에서 전년 대비 24.3% 감소한 40.6만 대를 판매하였다.

GENESIS

2015년 출범한 제네시스는 2021년 6월까지 50만 대(해외 12만 대) 판매를 돌파하였다. 현재까지 G90, G80, G70, GV80, GV70을 선보였고, 이어 전기차 G80e, G90e, GV60e, GV70e 등 전기차 풀라인업을 완성하고, 2024년까지 30만대 생산체제를 구축할 계획이다. 제네시스는 2020년에는 신차품질조사(IQS)에서 4년 연속 프리미엄 브랜드 1위에 올랐고, VDS(내구품질조사)도 프리미엄 브랜드에서 1위를 차지하였다.

기아 - 218만 대 판매, 매출 59조 원, 누적판매 5천만 대

기아(주)은 1944년 경성정공으로 설립되었다. 1998년 기아를 인수한 현대자동차는 대대적인 사업구조의 통합·재편을 단행하였고, 1999년 6월에 기아자동차 아시아자동차 등 5개 법인을 합병하고 2001년 4월 현대차그룹으로 계열지정 되었다. 기아는 현재 종업원이 3만여 명에 이르며 국내 공장(130만 대)으로는 소하리, 화성, 광주, 서산이 있고, 해외 공장은 미국 조지아공장 (34만 대), 유럽 슬로바키아공장(33만 대), 멕시코공장(40만 대), 인도공장(33만 대), 중국 합작공장(89만 대)이 있다. 2020년 글로벌판매 218만 대에 매출 59조 원에 이른다.

기아는 미국에서 높은 품질과 다양한 마케팅 활동을 바탕으로 브랜드 가치 성장을 지속적으로 추진하고 있다. 미국 시장조사업체인 J.D.Power가 발표한 2020년 신차품질조사(IQS)에서 전체 31개 브랜드 중에서 1위를 달성하였고, 일반 브랜드 부문 최초로 2015년부터 2020년까지 6년 연속 1위를 기록하였다.

2020년 한국시장에서 기아는 K5, 쏘렌토, 카니발 등 주요 볼륨 모델 신차 효과에 힘입어 전년대비 6.2% 증가한 55만 2천 대를 판매하여, 29.9%의 시장 점유율(수입차 포함)을 기록했다. 2020년 미국시장에서는 전년 동기 대비 4.8% 감소한 58만 6천 대를 판매, 시장점유율은 전년대비 0.4%p가 상승한 4%를 기록했다. 중국시장 (2,046만 대)에서 기아는 전년대비 13.2% 감소한 22만 5천 대를 판매하며 1.1%의 점유율, 인도시장(244만 대)에서는 14만 대를 판매하여 시장 점유율 5.8%를 기록했다. 유럽시장(1,196만 대)에서 기아는 전년비 17.1% 감소한 41만 7천 대를 판매했다. 2010년 이후 매년 270만 대 이상을 팔고 있어, 기아의 글로벌 누적 판매대수가 1962년 우리나라 최초의 삼륜차 'K-360' 출시이후 59년 만에, 2021년 5월 5,000만 대(국내 1,424만 대, 해외 3,588만 대)를 돌파했다.

현대모비스 - 종합 자동차부품회사

HYUNDAI MOBIS

자동차 부품 전문회사 현대모비스는 1977년 컨테이너 전문업체로 출범하여, 2000년 자동차 부품 전문회사로 탈바꿈하고, 2013년 전기전장 업체인 현대오토넷을 합병함으로써 종합 자동차부품회사로 도약의 토대를 쌓았다. 사업 영역은 새시모듈, 운전석모듈, 의장모듈, FEM모듈, 자동차램프, 소형 휠, 보수용 부품, 카오디오, AV시스템, 내비게이션, 텔레매틱스, 자동차전장품, 전자제어장치, 연쇄전동장치, 배터리관리시스템 등이며 CASE시대를 맞아 확대되고 있다. 2020년 글로벌 7위 업체로서 매출은 36.6조 원(모듈 29.6조, A/S 7조)으로 국내 18조 원, 해외 18.6조 원이다.

전동차 개발 방향에 발맞추어 하이브리드와 전기차에 필요한 고출력 구동 시스템 및 고용량배터리 시스템, 차량용 충전기 그리고 수소연료 전기차의 연료전지시스템 등 다양한 전동화 부품 기술개발에 집중하고, 3대 자동차 모듈 (콕핏, FEM, 새시), 신소재 개발 등의 기초 기술 역량을 지속적으로 강화하고 있다. 미래 자동차 기술을 선점하기 위해 Stradvision(영상인식), Velodyne(라이다 센서), Aptiv (자율주행 솔루션) 등 외부 기술기업들과의 오픈 이노베이션을 강화하고 있다.

현대모비스 모듈 생산 및 공급의 가장 큰 특징은 직 서열(Just in Sequence) 방식이다. 직 서열 방식은 완성차 생산라인에서 요구되는 다양한 사양의 모듈을 완성차 라인의 조립 순서대로 생산해 공급하는 방식이다. 완성차와 모듈의 생산 서열을 맞춰 제 때 공급하는 것으로, 조립시간에만 맞춰 공급하는 도요타의 JIT보다 한층 더 진일보한 방식이다. 이를 위해 현대모비스는 현대차 체코공장과 미국 앨라배마공장, 기아차 조지아공장, 크라이슬러 오하이오공장 등에 적용된 터널 컨베이어벨트 운송은 마치 모듈라인과 완성차 라인이 하나의 공장에서 이뤄지는 효과를 내고 있다.

14. 한국GM, 르노삼성, 쌍용

한국GM

한국지엠주식회사는 1955년 설립된 신진공업에서 출발하여 GM 과 대우자동차를 거쳐 2011년 GM이 산업은행과 합작한 외국계 투자 기업이다. 2020년 한 해 동안 내수 8만2천954대, 수출 28만 5,499대 총 36만8,453대를 판매했다. 이는 전년 대비 11.7% 감소한 실적이며 7년 연속 적자를 기록하고 있다. 부평공장(44만 대 생산능력) 과 창원공장(21만 대)에서 스파크, 트랙스, 트레일블레이저, 말리부, 다마스, 라보를 생산하고, 이쿼녹스, 트래버스, 콜로라도, 볼트EV 는 수입한다. 한국GM은 GM 그룹 내에서 연구개발 비중이 매우 높다. 현재 쉐보레에서 판매되는 차량의 상당수가 미국 쉐보레 본사 보다 한국GM에서 개발한 모델이 더 많다. 다만 GM의 글로벌 전략 과 쉐보레 브랜드의 위상에 유리한 소형차 개발과 비용경쟁력을 가져야 한다. 비용경쟁력과 관련하여 글로벌 컨설팅사인 올리버 와이먼사가 전세계 148개 공장을 대상으로 생산성을 평가한 지난 2016년 하버리포트에서 한국GM의 부평공장(119위) · 창원공장(41위) 의 경쟁력은 하위 수준에 머물렀다.

르노삼성자동차

르노삼성자동차는 1995년 삼성그룹이 세운 삼성자동차로 출발하여, 1997년 IMF 외환위기를 겪은 후, 2000년 7월 르노그룹에 인수되었다. 2021년 현재 르노삼성이 생산하는 차종은 QM6, 르노 콜레오스(QM6 수출형), SM6, XM3, 르노 트위지가 전부다. 2015년도에 비하면 생산물량이 약 1/4 수준으로 대폭 감소되어 2020년 총 116,166대(내수 95,939대, 수출 20,227대)를 판매하였다.

2019년 SM3, SM5, SM7 생산이 종료되고, 북미수출 형 닛산 로그의 위탁생산도 중단된 뒤, 생산물량 감소로 인하여 결국 근로자 구조조정이 이루어지고 말았다. 이어 스페인 바야돌리드 공장을 제치고 유럽수출 형 XM3의 생산물량을 따내 회생의 발판을 마련하였다. 쿠페형 SUV XM3는 르노-닛산 얼라이언스의 CMF-CD 플랫폼을 기반으로 탄생하였다. 즉, 르노 메간의 뼈대이다. 르노삼성은 르노-닛산-미쓰비시 연합의 역학관계와 전략에 따라 생존을 유지하기 때문에 자체개발 비중이 적고 대부분의 모델이 이미 닛산이나 르노에서 개발된 모델을 들여와 조립하는 형국이다. 따라서 노사관계의 안정과 생산성 향상을 통한 비용경쟁력이 무엇보다 중요하다. 이와 관련하여 르노그룹은 품질·비용·시간·생산성 지표를 바탕으로 전 세계 19개 르노그룹 공장의 경쟁력을 평가하는데, 부산 공장의 경쟁력은 2018년 1위에서 2019년 5위, 2020년 10위로 계속 떨어졌다. 특히 비용 부문은 최하위권 수준이다. 글로벌 컨설팅사인 올리버 와이먼사가 전세계 148개 공장을 대상으로 생산성을 평가한 지난 2016년 하버리포트에서 르노삼성은 종합 8위를 기록했었다.

█ 쌍용자동차

1954년 설립한 쌍용자동차는 쌍용그룹, 대우그룹, 중국 SAIC, 인도 마힌드라를 거쳐 2021년 10년 만에 다시 법원의 기업회생절차에 들어가 있다. 코란도와 무쏘, 그리고 티볼리 등 SUV 전문기업으로 명성이 높았으나, 연산 20만 대 미만으로 규모의 경제를 실현하지 못했고, 오랜 노사관계의 악화로 비용경쟁력도 확보하지 못했다. 4년 연속 적자로 자금력도 부족하여 마힌드라는 경영에서 손을 떼며 회생절차를 통해 새로운 투자자를 찾고 있다. 2020년 총 135,235대(내수 107,789대, 수출 27,446대)를 판매하였다.

Chapter

4

모빌리티 혁명

1. 모빌리티 혁명이란
2. 모빌리티 혁명을 구현하는
   차량용 반도체
3. 전기자동차 시대의 생존 경쟁
4. 전기차 배터리
5. 수소 자동차
6. 자율주행 자동차
7. 공유자동차와 모빌리티 서비스
8. 커넥티비티 자동차

1. 모빌리티 혁명이란

▌모빌리티 산업의 핵심 키워드는 CASE 혁명

자동차산업은 이제 모빌리티산업으로의 전환을 시작하였다. 자동차산업의 붕괴가 아니라 진화와 새로운 성장의 단계에 진입한 것이다. 바로 자동차산업이 CASE 혁명을 통해 모빌리티 산업으로 진화하는 것이다. 바로 모빌리티 혁신의 핵심 키워드는 C.A.S.E 즉 Connected(양방향 연결성), Autonomous(자율주행), Shared & Service (차량공유와 서비스), Electrification(전동화)이다. 이런 4가지 트렌드를 다임러그룹이 기업개혁을 위한 미래비전에서 처음 CASE라는 조어를 만들었고, 세계경제포럼(WEF)은 C를 M(Mobility)으로 바꾼 'S.E.A.M', 현대자동차그룹은 S를 M(Mobility)으로 바꾼 'M.E.C.A'로 바꿔 부르고 있다.

실제 자동차 제조사들은 더 이상 스스로를 완성차 업체라 부르지 않고 '모빌리티 서비스' 기업으로 지칭하기 시작했다. '카카오모빌리티'처럼 이동수단을 연구개발 생산하는 기업, '타다'나 '쏘카'처럼 이동 편의를 위한 서비스를 제공하는 모든 업체들이 모빌리티 기업으로 불린다. 자율주행차, 전기차는 물론 전기자전거, 전동스쿠터, 플라잉 카와 하이퍼 루프도 새로운 이동 수단으로 등장하면서 미래에 사용될 움직이는 모든 이동수단을 모빌리티라 말한다.

기술적으로 모빌리티의 변화는 크게 차량공유, 자율주행, 전기차의 세 가지 영역에서 일어나고 있다. 먼저 차량 공유는 자동차를 소비하는 방식을 근본적으로 바꿔가고 있다. 자동차는 이제 소유의 대상이 아니라 공유의 대상이 되고 있다. 자동차라는 재화가 아니라 모빌리티라는 서비스 공급이 자동차 회사의 목적이 될 경우, 자동차 사업의 업태는 크게 변화할 수밖에 없다. 차량 공유의 시대에 맞춰 차량 공급, 관리, 보험, 정비업 등 모든 연관 산업에서 새로운 비즈니스 모델의 출현이 불가피하다.

이처럼 차량공유, 자율주행, 전기차 세 가지는 하나씩만 따져 봐도 인간의 일상생활과 산업 전반에 파급효과가 엄청난 변화를 수반한다. 그런데 이 변화들은 궁극적으로 한대의 차량 안에서 모두 구현될 수밖에 없다. '공유 자율주행 전기차'가 등장하면, 자동차는 개개인이 구입하는 대량 생산 제품에서 '이동성(Mobility)'이라는 서비스 제공 툴로 바뀌며 모빌리티를 중심으로 한 신산업이 폭발적으로 팽창할 것이다.

보스톤컨설팅그룹의 2018년 자료에 의하면 자동차산업의 부가가치가 2017년 2,260억 달러에서 2035년 3,360억 달러로 1.5배 성장하는데, 전통적 사업은 대체로 보합을 이루지만 전기차, 커넥티드, 자율차, MaaS 등과 같은 신사업이 연평균 27%라는 고성장을 이룰 것으로 보고 있다.

항공 모빌리티

모빌리티의 변화 속에서 최근 도심 항공 모빌리티(Urban Air Mobility, UAM)가 많은 주목을 받고 있다. 그 이유는 자동차는 도로라는 공간적 제약과 교통 체증과 같은 시간적 제약이 있지만 하늘에서는 빠른 시간에 목적지에 도착할 수 있고, 공항 없이 택시와 같이 도심에서 이동할 수 있기 때문이다. 여기에 2010년대에 들어와 수직이착륙 기술(VTOL)의 소형 비행체 드론과 전기 배터리를 탑재하여, 매연 없이 조용히 하늘을 날아다닐 수 있는 배터리의 기술과 자율주행 기술도 획기적으로 발전하였기 때문이다.

▲ 사진은 현대자동차가 UAM의 비전을 담아낸 모습

현대자동차는 2020년 CES에서 우버(Uber)와 협력하여 만들어 낸 개인용 항공체(PAV) 'S-A1'을 통해 미래 비전을 발표하였다. 해외에서는 에어버스가 소형 비행 모빌리티 시장 경쟁에도 참여했고, 보잉(Boeing), 볼로 콥터(Volo Copter), 중국의 지리그룹 이항도 개발 경쟁에 뛰어들었다.

CASE 혁명이 가져다 줄 변화

자동차가 스스로 주행 환경을 인식하고 판단하고 운전해, 탑승자를 목적지까지 데려다주는 자율주행 차량의 등장도 거대한 변화를 동반한다. 자율주행은 인류의 삶에서 운전이라는 행위를 사라지게 할 기술이다. 운전에서 자유로워진 인간에게는 하루 평균 2시간 가까운 출퇴근 시간이 새롭게 주어진다. 모빌리티에 뛰어든 기업들은 시장 점유율이 아닌 시간 점유율에 성패를 걸어야한다. 자유로워진 운전자를 위해 차량에서 즐길 인포테인먼트(Infortainment) 비즈니스가 각광을 받을 수밖에 없는 이유다.

자율주행은 자동차의 가치도 바꿀 전망이다. 마치 스마트폰처럼, 설치된 소프트웨어에 따라 결정될 가능성이 높다. 차량이 바퀴 달린 스마트폰이 되면 이를 구동하는 운영체제(OS)와 앱을 통해 새로운 시장이 무궁무진 창출될 수 있다. 전기차 역시 '파괴적 혁신'을 수반한다. 내연기관 자동차의 부품은 2~3만개에 달하지만 전기차는 2/3 정도의 부품으로 이뤄진다. 더구나 전기차는 부품들의 결합체인 모듈을 끼워 맞춤으로서 조립이 용이하다. 테슬라가 보여주듯, 자동차 제조업 경력이 없는 스타트업이라도 전기차 제조에 뛰어들 수 있다. 거대한 진입 장벽 안에서 안존해 온 기존 자동차 제조사들의 경쟁력이 더 이상 유지되기 어려운 시대가 왔다는 것이다.

모빌리티가 '스마트 카'로 인식되며 경계가 무너지는 생태계

모빌리티 혁명의 주역은 플랫폼이나 IT 업체만이 아니다. 우버, 디디추싱, 그랩, 카카오모빌리티의 플랫폼 서비스에 대항해 폴크스바겐, 도요타, 현대차 등 완성차업체는 서비스 영역까지 넘본다. 모빌리티 개념 자체가 스마트 카로 인식되면서 구글의 웨이모, 엔비디아, 중국 바이두, 포니닷AI, 화웨이의 자율주행 서비스, 애플과 마이크로소프트(MS), 알리바바 등이 선보이는 커넥티드 카, 이들이 통합된 테슬라, 중국 니오(NIO)의 전기차를 모두 스마트 카의 의미로까지 확장되고 있다. 이렇게 모빌리티 생태계는 전통적인 제조업체가 플랫폼 업체가 되기도 하고, 테크놀로지 기업이 제조업체가 되기도 한다. 특정 업종에 갇히지 않고, 필요하면 언제든 경쟁과 협력을 하며 사업을 확장하는 식이다.

이런 경쟁에서 자동차업체도 자칫 손 놓고 있다간 음식점이나 숙박 업체처럼 플랫폼에 종속될 수도 있다. 소프트웨어와 플랫폼까지 아우르는 기업이 되기 위해 변신이 필요한 이유다. 전통적인 노키아와 같은 휴대폰업체들이 애플 폰으로 초토화된 것처럼, 글로벌 자동차기업에게 큰 위협은 애플과 구글 같은 글로벌 IT기업이며, 또한 우리나라에서 현대차의 적수는 삼성전자가 될지 모른다. 자동차가 지난 100년간 연비와 속도를 개선하는 기계공학에 치중했다면, 앞으로 100년은 IT와 케미컬 경쟁으로 삼성, LG, 네이버, 카카오와 경쟁 영역이 없어지고 있다.

전기차가 '바퀴 달린 스마트폰' 또는 '움직이는 거대한 컴퓨터'로 진화하면서 완성차 업체들이 전용 운영체제 개발에 사활을 걸고 있다. 게임 같은 차량용 인포테인먼트부터 차량 제어 · 자율주행까지 똑똑한 운영 체제 없이는 성능을 제대로 구현할 수 없기 때문이다. 현재 완성차 업체 중 차량의 모든 기능을 통제 제어하는 통합형 ECU를 구현한 것은 테슬라가 유일하다. 따라서 테슬라 차량은 ECU를 통해 다른 차량이 못하는 일을 하고 있다. 외부와 데이터를 주고받으며 차량기능을 업그레이드하고 새로운 서비스를 아주 쉽게 구현 할 수 있다. 테슬라의 통합 전자제어플랫폼의 기술수준을 가늠하는 전기차의 ECU 숫자는 3개이나, 닛산은 30개, 폭스바겐은 70개, 나머지 브랜드는 수백 개일 것이다. 테슬라를 제외하면 분산형 전자제어 방식에 머물러 있다. 이를 따라잡기 위해 폴크스바겐, 현대차, 토요타 등 기존 완성차 강자들이 수조 원을 쏟아 부으며 개발에 박차를 가하고 있다.

현대자동차의 변화 비전 - '스마트 모빌리티 솔루션 기업'

▲ 현대차의 UAM S-A1 모델은 길이 10.7m 날개 15m, 8개 프로펠러, 전기 구동 방식의 수직 이착륙 비행, 총 5명 탑승, 최고 속도 290km/h, 최대 100km 주행 거리이다

현대자동차는 이런 급격한 산업 변화에 적극 대응하고 미래 모빌리티 신업을 주도하기 위한 '지능형 모빌리티 제품(Smart Mobility Device)'과 '지능형 모빌리티 서비스(Smart Mobility Service)' 2대 사업 구조로 전환, 각 사업 경쟁력 제고 및 상호 시너지 극대화를 통해, 2025년 세계 3대 전동차 기업으로 도약하고, 플랫폼 서비스 사업에서도 수익 창출의 기반을 구축하겠다는 구상을 발표하였다. 여기에는 새로운 성장 동력인 플랫폼 기반 지능형 모빌리티 서비스를 더해 고객에게 끊이지 않는 이동의 자유로움과 차별화된 맞춤형 서비스 경험을 제공하는 '스마트 모빌리티 솔루션 기업(Smart Mobility Solution Provider)'로의 혁신 전략을 담았다. 바로 커넥티드 카와 정비망을 통해 수집된 차량 제원, 상태, 운행 정보 데이터를 활용한 보험, 정비, 주유, 중고차 등의 단순 제휴 서비스를 넘어, 쇼핑, 배송, 스트리밍, 음식주문, 다중 모빌리티 등 지능형 모빌리티 '제품 + 서비스'가 삶의 중심으로 확장된 세계 최고 수준의 맞춤형 모빌리티 라이프를 제공하겠다는 것이다.

삼성그룹과 LG그룹의 CASE 참여

삼성전자와 LG전자도 자동차산업의 패러다임이 전기차, 자율주행차 등 미래차로 옮겨가면서 전장사업에 참여하고 있다. 삼성전자는 2016년 디지털 콕핏, 커넥티드 카와 카 오디오 사업부문 세계 1위의 하만(2019년 매출 10조771억 원)을 인수한 후, 자동차 텔레매틱스(무선인터넷 서비스), 첨단운전자지원시스템(ADAS), 5세대(5G) 이동통신을 활용한 에지컴퓨팅 등 자율주행차 관련 사업으로 확대하고, 이어 미국의 자율주행차와 관련한 자동차와 사물을 연결하는 'V2X' 개발업체 스타트업 '사바리'를 인수하였다. 아울러 LED 기술을 활용한 자동차용 첨단 LED 헤드램프 개발도 추진하고 있다. 삼성전자는 이밖에도 자율주행에 필요한 이미지 센서, 메모리반도체, AI반도체와 5G 네트워크 통신장비를 비롯하여, 삼성SDI의 OLED 디스플레이와 배터리, 삼성전기의 전기차용 MLCC 등이 있다.

LG전자는 인포테인먼트와 차량용 조명시스템 오스트리아의 ZKW(프리미엄 조명 헤드램프), '엘지 마그나 이파워트레인'(세계 3위 마그나와 합작회사로 전기차 파워트레인 핵심부품 모터, 인버터 생산)과 스위스 소프트웨어 기업 룩소프트(Luxoft)와 합작으로 차량용 인포테인먼트 합작법인 '알루토(Alluto)'를 출범시키며 종합 전장기업으로 도약하는 비전을 가지고 있다. 이밖에 LG에너지솔루션이 배터리를 공급하고 있다.

2. 모빌리티 혁명을 구현하는 차량용 반도체

▌미래 차는 대당 반도체가 2천개가 필요

　미래 모빌리티를 '바퀴 달린 컴퓨터', '바퀴 달린 이동식 스마트폰' 등으로 표현한다. 내연기관차 '굴뚝 산업'으로 표현됐던 자동차 산업이 'IT와 반도체산업'으로 탈바꿈하게 되는 시대에 접어들었다. 이제 미래 모빌리티는 반도체가 그 역할을 대신하게 된다. 즉 모빌리티 혁신의 CASE 트렌드 중 자율주행차와 전기차의 핵심부품은 차량용 반도체이고, 공유 차와 커넥티드 카의 핵심도 반도체 없이는 불가능하다. 차량용 반도체는 모든 자동차의 주요 전자부품에 들어가는데 차량 1대당 평균 약 470달러가 든다. 내연기관 차 1대당 100~200 여개가 필요하지만, 레벨 3이상의 자율주행차 등 미래 차에는 약 2천개의 반도체가 쓰일 것으로 전망하고 있다.

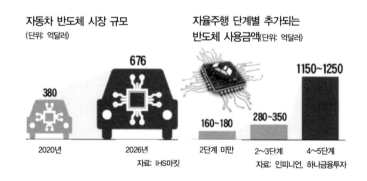

자동차 반도체 시장 규모
(단위: 억달러)

380 — 2020년
676 — 2026년
자료: IHS마킷

자율주행 단계별 추가되는
반도체 사용금액(단위: 억달러)

160~180 — 2단계 미만
280~350 — 2~3단계
1150~1250 — 4~5단계
자료: 인피니언, 하나금융투자

미래 모빌리티의 핵은 비메모리 반도체

반도체는 메모리 반도체와 비메모리 반도체로 나뉜다. 메모리 반도체는 정보를 저장하는 기억이나 기록 장치이며 주로 휴대폰과 PC 등에 들어간다. 삼성전자와 SK하이닉스가 D램 반도체를 필두로 세계 최고 수준으로 석권하고 있는 분야이다. 반면 비메모리 반도체는 정보를 처리하기 위한 연산과 추론 등의 용도로 시스템 반도체라고 부른다. 컴퓨터의 두뇌로 불리는 중앙처리장치(CPU), 애플리케이션 프로세서(AP), 자동차에 들어가 다양한 기능을 조정하는 차량용 반도체, 전력용 반도체, 이미지센서, 인공지능(AI) 반도체 등이 대표적이다.

차량용 반도체는 다품종 소량생산 체제이기 때문에, 모든 종류를 한 회사가 만드는 건 불가능하다. 또한 차량용이기 때문에 안전성이 검증되어야 하고, 수명 15년 이상, 온도조건 −40~155도, 재고보유 30년 이상 등 사용 조건도 까다롭다. 이런 이유로 개발에서 양산까지 10년이 걸린다. 어렵게 시장에 진입하더라도 수익성이 낮다. 즉 수익률과 시장이 큰 고부가가치 산업이지만 진입 장벽이 높다는 단점이 있다. 따라서 차량용 반도체 시장에는 절대 강자가 없고, 분야별로 업계 상위권이 다 제각각인 이유다. 이 같은 상황 때문에 국내 차량용 반도체 시장은 98%를 해외에 의존하고 MCU 등 주요품목의 국내 공급망은 존재하지도 않고 있다. 차량용 반도체 시장은 2020년 전체 반도체 시장 규모 4331억 달러(약 490조원)의 8%에 불과하지만 시장규모는 커지고 있다. 글로벌 시장조사기관에 따르면 세계 차량 반도체 시장 규모는 2020년 380억 달러에서 2040년 1,750억 달러까지 증가할 것으로 예상된다.

▌반도체 부족사태로 세계 자동차업계의 대규모 감산

2020년부터 국내외 완성차업계가 차량용 반도체 부족에 공장 가동 중단과 생산 차질이 벌어졌다. 2021년도 매출차질은 1100억 달러(약 125조원), 생산량 감소는 약 390만 대로 예상되어, 2020년 생산 대수 약 7800만대의 5%에 해당한다. 이런 사태는 코로나19 팬데믹 여파로 PC, 스마트폰과 같은 정보기술 제품과 TV 등 가전제품 등의 판매가 늘어나며, 상대적으로 차량용 반도체가 메모리 반도체에 생산 순위가 밀렸기 때문이다. 즉 자동차 수요가 증가하면서 수급 불일치가 일어난 것이다. 여기에 차량용 반도체가 메모리 반도체와 비교해 마진이 적은 것도 이유가 된다. 이번 사태를 계기로 차량용 반도체의 투자가 증대되고, 완성차메이커의 사업 참여도 검토되고 있다.

3. 전기자동차 시대의 생존 경쟁

▌세계의 환경문제와 '탄소중립' 선언

자동차산업의 지구 온난화에 따른 배기가스 문제와 화석 연료를 대체 할 차세대 에너지 문제는 온 인류에게 닥친 과제이다. 기존의 내연기관으로는 이 문제를 해결하는 데는 한계가 있다. 결국 전기자동차, 수소연료전지차 등 친환경 자동차로의 전환은 불가피한 선택이다. 이제 빅뱅처럼 전기차 시대가 도래 하면서, 내연기관 자동차는 종말을 앞두게 되었다. '탈 내연기관'을 이끄는 강력한 흐름은 기후변화다. '기후변화에 관한 정부 간 협의체(IPCC)'는 2018년 발표한 '지구온난화 1.5도 특별보고서'에서 2017년 현재 인간의 활동으로 인해 지구 기온은 산업화 이전(1850~1900년)보다 1도 상승했으며, 앞으로 기온이 1.5도 오를 경우 자연과 인간 모두에 위험한 기후 상태가 된다고 경고하면서, 지구 기온 상승폭을 '1.5도 미만'으로 제한하려면 전 지구 이산화탄소 순 배출량을 2030년까지 2010년 대비 최소 45% 줄이고, 2050년에는 '넷 제로'(탄소중립, 이산화탄소 순 배출 제로) 상태에 도달해야 한다고 했다.

유럽연합(EU)·일본·한국은 2050년, 중국은 2060년까지 탄소 중립 실현을 선언했으며, 미국 바이든 정부도 2050년 탄소중립을 공약했다. 화석연료에서 추출한 가솔린·디젤을 연료로 쓰는 내연기관 자동차 퇴출로 유럽 각국은 2025~2040년 '내연기관차 판매 금지'를 목표로 움직이고 있다. 한국에선 대통령 직속 국가기후환경회의가 2035년부터 내연기관 자동차의 국내 판매를 금지하라고

권고했다. 여기에 EU는 2021년부터 자동차 대당 이산화탄소 배출량을 95g/km으로 규제하고, 2025년 81g/km, 2030년 59g/km까지 강화하는데 이 환경규제를 충족시키지 못하면, 수천억 원의 벌금을 내야한다. PA 컨설팅그룹의 예측을 보면, 2021년 폭스바겐 5조 8,552억 원, 스텔란티스 4조6,637억 원, 다임러 1조2,961억 원, 현대기아차 1조 361억 원, BMW 9,802억 원 등을 벌금으로 내야 한다고 보고 있다. 빨리 전기차로 전환해야하는 이유이다. 이와 관련한 것이 탄소배출권이다. 테슬라가 2020년에 최초로 흑자 전환(순이익은 약 7억2천만 달러)을 이뤄낸 것은 바로 전기차만 만들기 때문에 탄소배출권을 사용할 일이 없고, 이걸 스텔란티스에 팔아서 무려 16억 달러(1조8천억 원)를 벌어들였기 때문이다.

전기차 시장 전망과 산업계의 변화

전기 동력차는 하이브리드 전기차(HEV, Hybrid Electric Vehicle), 플러그인 하이브리드 전기차(PHEV, Plug-in Hybrid Electric Vehicle), 전기차(EV, Electric Vehicle), 수소전기차(FCEV, Fuel Cell Electric Vehicle) 크게 4종류가 있다. 다만 수소전기차는 연료전지 내부에 공급된 수소를 이온의 형태로 만들고, 이온과 산소를 합쳐 물을 만들면 전기 에너지가 발생한다. 전기차라기보다 '수소차'라고 보아야 한다.

◀ 테슬라 세단 '모델3' 5인승 전기자동차로 1회 충전 시 최대 499㎞까지 주행하고, 최고 속도는 시속 261㎞, 제로백은 3.4초다.

전기자동차는 생각보다 강력하고 빠르다. 모터를 이용하기에 초반 가속력이 우수하고 일정하게 최대 토크를 발휘 할 수 있다는 점도 굉장한 장점이다. 게다가 주행 중 발생시키는 소음과 공해도 내연기관에 비해 현저하게 적다. 또한 통신과 ADAS 등 나날이 늘어가는 전장 부품을 연동하여 제어하기에도 전기자동차는 우월하다. 때문에 자동차 업계는 먼저 전기 슈퍼 카나 고급 전기차 개발에 집중하고 있다.

글로벌 전기자동차는 2015년을 기점으로 폭발적으로 증가하고 있다. 블룸버그에 따르면, 2015년 45만대이던 전기차 판매량은 2019년 210만대로 증가했고, 2025년 850만대, 2030년 2천600만대, 2040년 5천400만대로 예상되며, 2040년에는 전기차 판매량이 내연기관차 판매량을 추월할 것으로 예상된다. 이 중 하이브리드 전기차는 전기차 시장 내에서 장기적으로 20~30% 수준의 점유율을 이어갈 것으로 예상한다. 반면, 2040년 세계 수소차 판매량은 고작 300만대 수준으로 예상된다. 결국 전기차는 배터리 전기차를 의미하게 될 것이다.

전기차의 확산은 기존 완성차 업체에도 큰 변화를 요구한다. 내연기관 자동차의 동력장치는 크게 엔진, 클러치, 변속기의 세부분으로 구성돼 있다. 전기차의 동력장치는 모터, 인버터, 배터리가 전부다. 내연기관 자동차가 약 3만개의 부품으로 이뤄지는데 비해 전기차는 40%가 줄어 1만 여개가 없어진다. 내연기관 자동차가 심각한 고장을 일으키는 경우도 주로 엔진, 변속기, 연료공급 장치, 배기장치 등에 문제가 생겼을 때다. 전기차는 이런 장치들이 없어 고장도 없고, 유지비용도 적게 든다. 무엇보다 전기차는 제조 진입장벽이 상대적으로 낮다. 기존 내연기관 자동차 산업은 대규모 자본이 필요하고 기술에 대한 진입장벽이 높아, 신규 사업자의 진입이 사실상 막혀 있었다. 그러나 전기차는 스타트업이라도 진입하기 쉽다.

하이브리드 전기차와 플러그인 하이브리드 전기차

하이브리드 전기차는 엔진과 구동모터를 모두 장착한 자동차이다. 자동차가 출발할 때와 저속으로 운행할 때, 고전압 배터리에 저장해 둔 전기로 모터를 작동해 주행하고, 나머지 구간에선 엔진과 모터가 함께 작동하는 하이브리드 주행 모드로 전환된다. 하이브리드 전기차는 회생제동 시스템을 갖추고 있어 제동할 때나 내리막길을 운행할 때, 잉여 운동에너지를 전기에너지로 전환해 배터리를 충전하고 주행할 때 사용한다. 엔진과 연결된 발전기를 통해 배터리를 충전하기 때문에 외부 전기에너지를 충전할 필요가 없다. 전기차 충전 인프라에 얽매이지 않고 편리하게 사용이 가능하다.

플러그인 하이브리드 전기차는 하이브리드 전기차보다 배터리의 용량이 더 크고, 외부 전기를 충전할 수 있는 시스템도 갖추고 있다. 따라서 운전자가 운용하는 방식에 따라 배기가스 배출을 더욱 줄일 수 있어, 내연기관 자동차 시대에서 친환경 자동차 시대로 가기 위한 과도기 모델이라고 할 수 있다. 즉 배터리 전기차와 내연기관차의 교량역할을 하는 중간 단계로 '브리지 기술'이라는 양쪽의 장점을 모은 차량이지만, 또한 양 차량의 단점도 모두 가지고 있다. 내연기관과 전기모터라는 2개의 엔진, 2개의 에너지 저장과 탱크장치에 배터리까지 갖추어야 하므로 비싸다. 또한 이산화탄소 배출가스 저감효과도 내연기관과 차이가 없어 규제는 모두 받고, 정부지원도 별로 없어 사실상 길을 잃고, 어디로 가야할 지 모르는 불투명한 상황에 처해 있다. 수요만 보아도 2020년 세계 수요는 91만대로 전기차의 절반도 안 된다.

▌전기차의 구조와 역할

배터리 전기차(BEV, Battery Electric Vehicle)의 내부 구조는 크게 충전 시스템, 배터리, 구동 시스템으로 구분할 수 있는데 먼저 충전 시스템은 완속 충전기(시간당 2~3.5kW의 속도)와 급속 충전기(시간당 7kW의 속도) 두 가지가 있다.

구동 시스템은 컨버터, 인버터, 모터로 구성되어 있다. 컨버터는 전기차의 고전압 배터리(350V)의 전압을 저전압(12V)으로 변환해 전장 시스템에 전력을 공급하는 장치다. 인버터는 배터리의 고전압 직류(DC) 전류를 고전압 교류(AC) 전류로 변환하여, 모터에 공급하는 역할을 한다. 인버터는 가속과 감속을 명령하기 때문에 전기차의 운전성능을 높이는 데 있어 중요하다. 모터는 전기차의 심장으로, 내연기관의 엔진과 같은 역할이다. 보통 차량 당 1개의 모터(AWD는 2개)가 탑재된다. 모터가 차량 바퀴를 회전시키는 구동력을 발생시키고, 감속기가 모터의 RPM을 주행 속도에 맞게 가솔린 차량의 변속기처럼 변환하는 역할을 하며 차량의 바퀴를 구동한다.

배터리는 2차전지라는 휴대전화나 노트북 같은 전자제품에 쓰이는 현대식 리튬이온 배터리가 자동차에 탑재되며 2010년부터 보급이 확대되었다. 배터리 기술도 '무어의 법칙'처럼 획기적인 성능향상으로 가격도 내려갔고, 주행거리가 길어지며 가장 큰 난관인 충전인프라가 확충되면, 무공해라는 장점까지 더해 앞으로 가장 전망이 밝다.

전기차의 장점과 단점

전기자동차의 장점은 휘발유차에 비해 1)에너지 효율이 3~4배나 높다. 휘발유엔진의 열효율은 25~30%가 한계치인데 반해, 전기에너지는 99%라 할 수 있다. 2)동력 성능도 우수해서 출발과 동시에 최대 회전력(토크)을 사용할 수 있어 빠른 응답과 가속 성능이 뛰어나다. 따라서 비교적 저속의 시내운행에서는 우수한 효율은 보이나, 고속 주행에서는 오히려 효율이 떨어짐을 알 수 있다. 또한 차체 바닥에 배터리를 넓게 배치해 무게 중심이 낮아 선회성이 우수하다. 3)연료비(충전비)가 현저히 적다. 미국에서는 8분의 1정도이다. 4)유지보수 비용이 적다. 엔진오일의 교환도 없고, 전기모터를 쓰기 때문에 점화플러그, 시동모터, 발전기, 연료분사기, 연소실, 엔진부품, 배기머플러, 타이밍벨트, 공해저감 장치 등이 필요 없다. 5)설계구조가 비교적 간단하여 제조비용과 시간이 획기적으로 줄어든다. 6)석유에 비하여 공해가 적은 친환경에너지이다. 화석연료를 전혀 사용하지 않기 때문에 배기가스 배출이 없고, 엔진 없이 모터로 움직여 소음 및 진동이 거의 발생하지 않는다. 이런 장점에다가올 자율주행 자동차산업에 새로이 뛰어드는 IT업계에선 전기차와의 융합이 더 쉽다고 생각하며 자율자동차와 커넥티드 카의 소프트웨어 플랫폼은 전기차가 적합하다고 한다. 따라서 지구 온난화문제가 예상보다 빠르게 대두되고, 전기차 가격이 가솔린차에 근접하게 되면 전기차의 수요는 엄청난 속도로 빨라져, 내연기관의 자동차의 종말은 예상보다 빠르게 올 수도 있다. 7)일반 내연기관 자동차에 있는 납축전지의 경우 주기적인 교체가 필요한 반면, 최근 전기차에 들어가는 리튬이온배터리나 리튬 폴리머 배터리는 납축전지에 비해 에너지 밀도가 높고 출력도 우수할 뿐만 아니라 수명이

길다. 때문에 니켈 수소 배터리의 수명은 보통 자동차의 수명과
같다.

전기차의 단점은 비교적 적다. 1)충전시스템의 부족이다. 아직도
가솔린처럼 충분하게 보급이 안 되어 있다. 국내 전기차 충전기는
6만4천기, 2.2대 당 1기로 많아 보이나 관리 소홀과 접근성이 떨어
져 불편한 실정이다. 2)전기를 생산하는 전력구조가 아직도 화석연
료에 의존해 친환경이라고 할 수 없다. 3)전기는 석유처럼 저장하기
어렵다. 또한 자동차 내부에 저렴하게 저장도 용이하지 않다. 4)전
기차의 가격은 석유차보다 3~40% 비싸다. 배터리가 비싸기 때문이
다. 5)배터리의 부피와 무게가 커지면서 효율성이 저하될 수 있다.
현대 코나 일렉트릭이 64kWh-453kg의 무게로 평균 500kg 이상의
배터리가 전기차에 탑재되어 있다. 5)배터리 재료 중 코발트와 리튬
의 공급도 쉽지 않고, 시장가격 변동도 가장 큰 리스크 요인이다.

내연기관의 생산중단 선언과 전기차 개발경쟁

2019년 5월 13일은 모빌리티의 역사에 한 획을 그은 날이다.
1886년 세계 최초로 내연기관차를 발명한 메르세데스벤츠가 2039
년부터 내연기관차 생산을 중단한다고 선언한 것이다. 20년 내 모
든 차량을 전기차로만 만들겠다는 것이다. 현대차도 2040년부터
내연기관 신차를 판매하지 않겠다는 계획을 2020년 발표했다. 글로
벌 완성차업체들도 전기차 전환을 서두르고 있다. 폭스바겐, 다
임러, BMW 등은 2025년엔 전체 모델에서 전기차 비중을 20% 수준
으로 확대하고, GM은 2025년까지 30종이상의 전기차를 선보이는
것이 목표다. 무엇보다 전기차 판매 세계 1위 테슬라의 약진이다.

자동차업계 시가총액 1위에 2020년 50만 대 판매(315억 달러, 35조 원)를 팔고 2023년 현재 가동 중이거나 가동예정인 4개 공장만으로도 200만대 쯤은 달성될 것이며, 2025년 300만 대에서 2030년 2,000만 대를 생산한다는 목표 도전도 전혀 불가능한 얘기는 아니다.

또 하나의 복병은 애플이다. 스마트폰으로 세상을 바꾼 애플은 이제 성숙기에 들어선 스마트폰으로는 더 이상 성장하기 어렵다. 생존을 위한 미래 산업으로 전기차와 자율주행차를 오래전부터 준비를 하고 있다. 이미 '타이탄 프로젝트'로서 전기차인 자율주행차를 개발하고 있다. 모빌리티 혁명에 앞서가기 위해 가장 큰 시장인 중국의 운송서비스업체인 '디디추싱'에 10억 달러를 투자했고, 위탁생산이나 협력 완성차업체를 물색하고 있다.

현대차그룹은 전동화에 최적화된 전용플랫폼 'E-GMP(Electric-Global Modular Platform)'를 '아이오닉 5'(사진)에 적용하며, 전기차 라인업을 2025년 23개 차종으로 확대해 글로벌 시장에서 연간 100만대를 판매하고, 기아는 2026년까지 전용 전기차 7종을 출시하고, 2030년까지 연간 160만대를 판매할 계획이다.

현대차 전기차용 플랫폼 E-GMP
(Electric-Global Modular Platform)

전륜모터 | 배터리 시스템 | 양방향 전력 충전구

후륜모터

통합충전관리장치(ICCU)

자료: 현대차그룹

▲ 현대자동차 전기차 전용 플랫폼 'E-GMP'으로 '아이오닉5'에 적용되며, 세단, CUV, SUV부터 고성능, 고효율 모델까지 다양한 차량의 제작에 사용된다. 아이오닉5는 영국 자동차 전문매체 오토익스프레스가 선정한 '올해의 신차 어워드'에서 '올해의 차'를 포함한 4개 부문을 석권했다.

2021년 한미 양국 간 전기차와 관련하여, LG에너지솔루션과 GM의 합작법인 얼티엄셀즈는 미국 오하이오주에 첫 번째 공장에 이어, 테네시주에 2공장도 착공하여 2025년부터 총 생산능력은 140GWh를 넘어서게 된다. 또한 2021년 SK이노베이션과 포드도 배터리셀을 공동 개발하고, 생산 라인도 함께 구축하는 합작법인 설립과 관련한 양해각서를 체결하였다. LG-SK에 이어 삼성SDI도 미 완성차기업 스텔란티스와 합작으로 3조원을 들여 연산 배터리 30GWh(43만대 공급)공장을 짓기로 하였다. 한편 미국은 세계 2위 전기차 판매국이나 자국 배터리 제조사가 전무하고, 수입 배터리는 정부지원이 없어 현지생산이 유리하다. 게다가 중국과의 갈등으로 한미 배터리 동맹이 맺어진 것이다.

▍전기차는 2020년 294만대, 2030년 1500만대 확대

2019년 200만대를 돌파한 글로벌 전기차 판매는 2020년 코로나19에도 전년 대비 44.6% 증가한 294만대에 달했다. 유형별로 전기차(BEV)가 34.7% 증가한 202만5,371대 판매됐고, 플러그인 하이브리드(PHEV)는 73.6% 증가한 91만대가 팔렸다. 수소전기차(FCEV)는 9.3% 증가한 8,282대 판매를 기록했다. 지역별로는 유럽 전기차 시장은 129만대로 점유율 43.9%가 되어, 중국의 점유율 41.1%를 추월했다. 제작사별로는 1위 테슬라 44만2,334대, 2위 폭스바겐 그룹 38만1,406대, 3위 GM 중국 합작법인 '홍구안 미니' 22만2,116대, 4위 현대차그룹 19만8,487대를 판매하였다.

▼ 전기차 판매 10대 그룹

업체명	2019년	2020년	비중	증감률
1 테슬라	30만4,783대	44만2,334대	15%	45.1%
2 폭스바겐그룹	12만3,152	38만1,406	13	211.1
3 GM	9만4,889	22만2,116	7.5	134.1
4 현대차·기아	12만4,114	19만8,487	6.7	59.9
5 르노−닛산	14만3,884	19만4,158	6.6	34.9
6 BYD	21만8,532	17만9,295	6.1	−18
7 BMW	12만7,618	17만3,202	5.9	35.7
8 다임러	4만5,054	16만8,858	5.7	274.8
9 지리자동차	12만5,896	15만7,125	5.3	24.8
10 PSA	7,230	10만9,987	3.7	1421.3
전체 합계	203만4,886	294만3,172	100	44.6

자료=한국자동차산업협회

딜로이트는 앞으로 10년 간 글로벌 전기차 시장이 연평균 29% 성장해 2025년 판매량이 1,120만대, 2030년에는 3,110만대로 증가할 것으로 내다 봤다. 특히 중국은 2030년 자국 신차시장을 전기차 50%, 하이브리드 50%로 만들겠다고 선언했다. 2030년 중국 신차 시장을 3,000만대로 본다면, 연간 1,500만대의 전기차 시장이 생기는 것이다.

4. 전기차 배터리

배터리의 구조

전기차 리튬이온 배터리는 셀(Cell)→모듈(Module)→ 팩(Pack)으로 구성된다. 배터리라고 하면 보통 배터리 단품 '셀'을 얘기한다. 전기차를 움직이려면 스마트폰의 배터리의 수천 배(약 5천개)가 되는 전기가 필요하다. 이 수많은 배터리 셀을 사고나 충격, 진동에 의해 쇼트가 발생해 화재와 같은 큰 사고로부터 안전하게 그리고 효율적으로 관리하기 위해 '모듈' 단위로 모으고, 또 이 모듈들을 다시 모으고 BMS(Battery Management System), 각종 제어 시스템 및 보호 시스템을 합쳐놓은 것이 하나의 '팩'이라는 형태를 거쳐 전기차에 탑재한다.

먼저 배터리의 기본이 되는 셀은 양극, 음극, 분리막, 전해액으로 구성되는데 각형의 경우 알루미늄 케이스에 넣어 만든다. 단위 부피나 무게에서 높은 용량을 지녀야 하고, 일반 모바일 기기용 배터리에 비해 훨씬 긴 수명이 필요하다. 주행 중에 전달되는 충격을 견디고, 저온·고온에서도 끄떡없을 만큼 높은 신뢰성과 안정성을 지녀야 한다. 여러 개의 셀은 열과 진동 등 외부 충격에서 보호될 수 있도록 하나로 묶어 프레임에 넣어 조립하는데 이를 모듈이라고 부른다. 모듈 여러 개를 모아 배터리의 온도나 전압 등을 관리해주는 배터리 관리시스템(BMS), 냉각시스템 등을 장착한 것이 배터리 팩이다. 전기차는 팩의 스펙이 전기차의 전반적인 성능 및 디자인을 결정짓는다. 배터리 셀을 곧장 배터리 팩으로 만드는 '셀 투 팩' 기술도 개발하고 있다. 한편 모듈과 팩은 셀을 만드는 배터리업체가 아닌 전문기업이 한다. 현대차그룹은 현대모비스에서 배터리 모듈·팩 생산 공장을 운영한다.

◀ 배터리 팩의
내부 구조도

배터리업계의 생존 경쟁

리튬이온 배터리의 종류와 구조

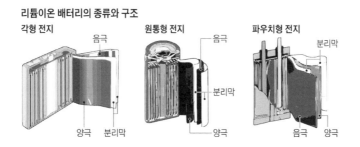

전기차 배터리 셀은 모양에 따라 각형, 원통형, 파우치형으로 나뉜다. 모양에 따라 장단점도 뚜렷하다. 배터리 용량, 공정 난이도, 공간 활용도 등 여러 면에서 차이가 있다. 각형 배터리는 납작하고 각진 상자 모양이다. 국내 배터리 제조사 중에서는 삼성SDI가 각형 배터리를 만든다. 배터리 시장점유율 1위 업체인 중국 CATL도 각형 배터리를 생산한다. 각형 배터리를 사용하는 자동차 브랜드는 BMW, 아우디, 포드, 포르쉐, 도요타 등이다. 폭스바겐은 최근 자사 전기차 배터리를 각형 배터리로 통일하겠다고 밝히기도 했다.

원통형 배터리는 금속으로 된 원기둥 모양이다. 일상에서 사용하는 건전지와 유사한 형태다. LG에너지솔루션과 삼성SDI, 일본 파나소닉도 원통형 배터리를 주로 생산한다. 테슬라가 사용한다. 테슬라 모델 S는 차량 1대당 444개의 셀로 이루어진 16개의 모듈의 배터리 팩에는 7,104개나 되는 배터리 셀이 들어간다. 무게도 약 540kg가 된다.

파우치형 배터리는 주머니와 유사한 형태다. 다양한 모양으로 제작할 수 있다. LG에너지솔루션과 SK이노베이션이 주로 생산하는 배터리다. 파우치형 배터리는 현대기아차, 벤츠, 르노-닛산, 볼보 등이 사용하고 있다.

한편 배터리 시장의 패권은 모양에 따른 배터리 시장의 구조, 소재의 수급, 충전 속도, 주행거리, 배터리 관리, 밀도와 무게의 경쟁력, 완성차업체의 참여, 중국시장의 변화, 배터리 가격 등에 달려있지만, 궁극적으로 현재의 액체 배터리에서 반고체 배터리를 넘어, 2030년 이전에 꿈의 배터리 기술인 전 고체 배터리(All Solid State Cell)의 상용화의 성공여부에 따라 업체의 서열이 정해질 것으로 보인다.

세계 전기차(EV) 배터리 연간 사용량 순위는 매년 바뀌지만, 2020년 기준 1위 CATL, 2위 LG에너지솔루션, 3위 파나소닉 4위 BYD, 5위 삼성SDI, 6위 SK이노베이션 순이다. 중국 업체가 1위를 차지한 것은 중국정부가 자국 차량에 자국 배터리만 장착하도록 하였기 때문이다. 배터리 시장은 중국, 한국, 일본 3국 업체가 세계시장을 지배하고 있다. 중국 토종 배터리업체와 한국의 배터리 3사가 전기차시장을 둘러싸고 다국적 글로벌 자동차메이커들의 합종연횡이 가시화되는 단계에 접어들었다. 특히 중국이 전기차와 배터리로 새로운 자동차강국으로 발돋움하고 있는 것은 기존 내연기관 완성차 시장에서는 글로벌 다국적 자동차회사의 브랜드 인지도와 시장 점유율을 단기간에 따라잡기 어렵다고 판단하였기 때문이다.

완성차업계의 배터리 내재화

자동차회사들은 엔진만큼은 내부적으로 기술을 보유하고, 자체 생산하는 경우가 대부분이다. 그만큼 제품과 원가 경쟁력의 핵심이기 때문이다. 그러나 엔진 원가는 대당 150만~400만 원 정도다. 그런데 전기차 배터리는 엔진보다 5~10배 비싸고, 모두 외부에서 사오고 있다. 원가의 40%까지를 배터리가 차지할 수도 있다. 그래서는 자동차회사 경쟁력이 유지되기 어렵다. 배터리와 모터를 저렴하게 만들 수 있는 회사가 전기차까지 만들어버리면, 기존 자동차회사의 존립 기반이 사라질 수도 있다. 완성차 업체들은 단기적으로는 배터리 업계와 협력을 이어가겠지만 장기적으로는 배터리 생산을 내재화해 외부 의존도를 낮추려 할 것이다.

테슬라, 폭스바겐, GM, BMW 등은 배터리의 내재화 또는 수직계열화 계획을 갖고 있는데, 현대차는 배터리 경쟁력과 공급 사슬을 강화하기 위한 계획은 아직 내놓지 않고 있다. 완성차 업체들이 배터리를 자체 생산해도 100%를 내재화 하는 것이 아니고, 또한 공급과잉이 되는 것도 아니다. 그 만큼 전기차 시장이 엄청나게 커진다고 보아야 한다. 한편 내재화의 시점도 배터리 업계와 완성차 업계 '꿈의 배터리'라고 불리는 차세대 '전 고체 배터리'에 양산 목표를 두고 있고 그 시점도 2030년 쯤 된다. 전 고체 배터리는 내부 액체 전해질을 모두 고체화하여 전해질 누액으로 인한 발열과 화재 위험이 없고, 1회 충전으로 800㎞ 이상 달릴 수 있다.

5. 수소 자동차

▎수소자동차 시대가 과연 올 것인가.

19세기 영국은 석탄으로, 20세기 미국은 석유로 세계경제를 주도하였다. 포스트 화석연료의 시대는 어디에나 있는 수소를 어떻게 생산하고, 유통하고, 저장하고 활용할 것인가 하는 '수소기술'의 선점에 향후 글로벌 주도권이 바뀔 것이다. 2050년이 되면 수소경제 시대가 올 것이라고 한다. 세계 수소연료전지 시장은 총 120억 달러(약 13조 원)이로 대부분 발전용이나 주택, 건물용으로 비 차량용 에너지에 쓰인다. 이 가운데 자동차용에는 약 10% 정도로 보고 있다. 장기적으로 수소시대에 대비하여 자동차기업은 수소전기차를 전기차와 같이 개발해왔다. 전 세계에서 양산 수소차 모델은 현대자동차, 도요타 두 업체에 불과하다. 전 세계 수소차 시장에서 2020년 현대차 넥쏘는 6,500대, 도요타 미라이는 1,600대를 판매했다. 현대자동차가 수소차 시장에서 압도적인 경쟁력을 보유하고 있지만, 글로벌 완성차 업체들은 별로 관심이 없거나, 수소차 시장에서 발을 빼고 있다. 현재의 기술로는 수소 에너지를 승용차에 쓰기 보다는, 트럭이나 중장비, 항공기, 열차 등에 탑재하는 것이 보다 용이할 것이다.

이런 가운데 수소경제를 선도할 수소기업협의체의 현대차, SK, 롯데, 포스코, 효성 그룹 등 15개 대기업 회원사가 참여하여 2021년 9월 출범하였다. 여기에서 현대차는 세계 처음으로 2028년까지 모든 상용차 라인업에 수소연료전지를 적용하겠다고 발표했다. 수소

산업 생태계는 수소차 중심의 모빌리티부터 수소를 활용한 발전 사업, 수소 생산 · 유통 · 저장 · 공급까지 전반을 아우르며 이를 활성화시키기 위해선 모든 가치사슬 단계가 유기적으로 구축돼야 한다.

◀ 2021 넥쏘 판매 가격은 7천만원이고, 보조금이 3,500만원이며, 완충 주행거리는 약 6백㎞, 충전 소요시간은 5분이다.

수소 채취와 수소차의 구조

수소자동차의 동력원인 수소를 채취하는 방법에는 크게 추출(개질) 수소, 부생 수소, 수전해 수소가 있다. △추출(개질) 수소는 천연가스를 고압, 고온에서 분해해 생산하는 수소로 세계에서 가장 보편적으로 사용하는 생산 방법이다. 하지만 온실가스인 이산화탄소(CO_2)가 함께 발생하는 단점도 있으며, 발생한 CO_2 는 소화기나 탄산음료 등의 탄산 산업의 원료로 활용이 가능하다. △부생 수소는 석유화학이나 철강 공정 중에 함께 발생하는 수소를 채취하는 방법이다. 석유화학과 철강 산업이 발달한 나라의 수소 공급 방식으로서, 부가적으로 발생한 수소를 활용하는 것으로 효율적이며 경제성이 높다. 하지만 수소를 위한 공정이 아니므로 생산량에 한계가 있는 편이다. △수전해 수소는 풍력이나 태양열 등의 신재생 에너지로 생산한 전기로 물을 분해하여 생산하는 수소이다. 가장 친환경적인 수소 생산 방식으로 중장기적으로 인프라 구축이 필요한 생산방식이지만, 현재로서는 가장 높은 생산비용으로 경제성이 떨어진다.

수소전기차는 전기차와 마찬가지로 전기에너지로 모터를 구동해 주행한다. 차이점은 외부로부터 전기에너지를 공급받지 않고, 차체 내의 연료전지시스템 즉 수소 공급시스템에 의해 고압 상태에서 저압 상태로 바뀌어, 연료전지 스택에서 외부 공기로부터 얻은 산소와 결합해 폭발을 일으킨다. 이때 발생하는 전기에너지가 배터리 시스템으로 이동해 자동차를 달릴 수 있게 하는 것이다. 그 과정에서 순수한 물만 배출되고, 외부 공기로부터 산소를 추출하는 과정에서 공기를 깨끗하게 정화하기 때문에 '달리는 공기청정기'라고도 한다. 또한 주행거리도 길고 충전 시간도 5분 내외로 짧아 편의성이 높다. 대중화를 위해선 수소 충전 인프라도 확대가 관건일 뿐이다. 다만 수소차는 전기를 만드는 모든 장치가 엄청나게 비싸다. 따라서 차량가격도 기존 차량보다 몇 배나 비쌀 수밖에 없다. 또한 충전 인프라가 절대적으로 부족하고, 세우는 데에도 기존 주유소보다 몇 배 많은 돈이 들어간다. 특히 수소자체의 생산비용도 기존 휘발유보다 세배 정도 비싸다. 현재로서는 경쟁력이 전혀 없다. 앞으로도 오랜 기간 꿈속에서만 머물 것이다.

6. 자율주행 자동차

자율주행의 레벨

자동차와 ICT 융합의 핵심기술이라 부를 수 있는 것이 바로 '자율주행(Autonomous Driving)' 또는 '자동운전'이다. 자율주행은 운전자의 조작 없이 자동차 스스로 주행환경을 인식해, 목표지점까지 운행하는 기술로 2016년 미국 자동차공학회(SAE)의 기준을 많이 채택하면서 세계 표준이 되었다. 이 기준은 자율주행 수준을 레벨 0에서 레벨 5까지 총 6단계로 구분하고 있는데, 레벨 0은 비자동화 단계로 사람이 모든 것을 제어하는 단계다. 레벨 1~2는 운전자 지원 단계, 레벨 3~5는 자동화 단계로 구분한다.

레벨 1(운전자 보조)은 어드밴스드 스마트 크루즈 컨트롤(ASCC) 또는 적응형 순항 제어시스템(ACC / SCC/ 차량 전방에 장착된 레이다 혹은 카메라를 사용하여 앞차와의 간격을 적절하게 자동으로 유지하는 시스템), 긴급제동시스템 (AEB) 차간 거리 유지 시스템(HDA), 차선 이탈 경보 시스템(LDWS), 차선 유지 지원 시스템(LKAS), 후측방 경보 시스템(BSD) 등의 자동 장치가 한 가지가 작동하는 단계로, 사람이 운전 대부분을 제어하고 모니터링 해야 한다. 레벨 2(부분 자동화)는 두 가지 이상 자동화 장치가 동시에 작동하는 단계로, 운전자가 여전히 많은 부분을 제어하지만 부분 자동화가 이뤄진 단계(Hands-Off)다. 즉 정속주행, 장애물 감지, 차선이탈방지, 충돌방지, 자동제동, 자동주차 등의 첨단운전자보조시스템(ADAS; Advanced driver assistance systems)이 일부 적용되며, 2021년 이 시스템은 세계 신차의 50% 이상이 채택하고 있다. 레벨 3(조건부 자동화)부터는 본격 자율 주행단계로 운전 주체가 사람이 아닌 시스템으로 전방을 보지 않아도 되는 단계(Eyes Off)이다. 시스템이 차량 제어와 운전 환경을 동시에 인식해서 '고속도로 자율 주행'을 할 수 있다. 이런 ADAS 및 자율주행 기반 자동차의 양산 모델이 시판되기 시작하였다. 레벨 4(고도 자동화)는 자율 주행 단계로 비상시 운전자가 직접 운전할 수 있지만, 운전에 신경을 쓰지 않아도 되는 단계(Mind Off)이다. 레벨 5(완전 자율주행)는 운전대가 없는 무인 차다. 모든 환경에서 시스템이 운전하고, 사람이 관여할 수 없다.

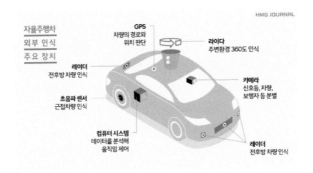

자율주행차를 구현하려면 인지-판단-제어 세 가지 영역의 기술이 확보되어야 한다. △인지 영역은 카메라, 레이더, 라이다, 위치측정(GPS), 자이로스코프(속도, 방향 변화 측정) 등의 센서를 사용해 장애물, 도로표식, 교통신호 등을 인식을 통해 주행이나 주차 시 발생할 수 있는 사고의 위험을 알려주고 차량이 운전자를 대신해 부분적으로 제동하고 조향을 제어하는 기술이다. △판단 영역은 인지 신호들을 효율적으로 분석해(소프트웨어 AI 알고리즘 + 그래픽처리장치/GPU 등 반도체 제어) 차량의 행동 지시를 내리는 기술에 해당한다. △제어영역은 지시된 행동을 추종하기 위해 조향, 가감속 등을 제어하는 액추에이터 기술을 포함한다.

▌자율주행차의 모빌리티 혁명

2021년 현재 글로벌 업체의 자율주행 기술은 '레벨 2~3' 수준이다. 2022년 혼다, 테슬라, BMW, 아우디, 볼보, 현대자동차가 '레벨 3' 수준의 자율주행 기술을 양산차에 적용할 계획이지만 '레벨 3'을 전 국토에서 허용한 나라도 없고, 우리나라도 2020년 레벨 3이 법제화되었지만 차를 팔라는 것은 아니다. 테슬라의 레벨 2수준인 '오토파일럿'과 자율주행 'FSD(Full Self Driving)'도 소비자를 기만하는 선전술에 불과하다. 제조사가 사고의 법적 책임을 질 수 있는 수준까지 가려면 아직도 길 길은 멀다.

한편 머지않아 도래하는 '자율주행 레벨 4'가 현실화되려면 차량이 두뇌를 갖고, 스스로 판단하며 의사결정을 내리기 위한 센서와 빅 데이터, 인공지능 등 이른바 4차 산업혁명(Digital Transformation)의 핵심 기술이 대거 동원되어야 한다. 레벨4가 상용화되면 자동차의 핵심 경쟁 요소는 하드웨어에서 소프트웨어로 바뀐다. 완성차 업체들은 지난 100여 년 동안 하드웨어의 우월성을 확보하기 위해 경쟁해 왔으나, 이제는 더 좋은 스마트기기를 만들려는 IT 기업처럼 업의 속성을 바꿔야 하는 시대가 된다. 이미 구글과 애플 등 IT업체까지 가세해 자율주행 시장 선점을 목표로 총력을 기울이고 있다. 기존 자동차업체 외에는 접근하기 어려웠던 산업이 IT기술의 융합과 전기차의 등장으로 변화를 맞이하며, IT업체도 자동차를 생산할 수 있는 기회가 오는 것이다. 다만 자율주행차를 바라보는 IT업계와 자동차업계의 관점은 상반되어, 어떻게 결말이 날지는 아무도 모른다.

▼자율주행차를 바라보는 IT업계와 완성차업계의 관점

IT 업계	비교 항목	완성차 업계
바퀴달린 스마트폰, 스마트폰 이상으로 인간생활과 산업재창조	자율주행차 제2 스마트폰인가	스마트한 자동차, 안전과 편의성이 더 좋은 차
구글, 애플 등 IT업계	누가 주도하나	완성차업체, 구글/애플은 플랫폼 공급자일 뿐
2023년 가능	완전 자율차는 언제	2030년 이후
빅 데이터, 인공지능, 운영체제(OS)	스마트 카의 경쟁력	디자인, 안전성도 중요 요소
인간과 비교할 수 없을 정도로 낮은 사고율	자율주행차는 안전한가.	특정구간만 자율주행을 허용하는 게 현실적

완전 자율주행자동차(레벨 5)의 상용화는 극복해야 할 기술 과제와 높은 원가로 인해 빨라야 2030년 이후가 될 전망이다. 자율주행차 관련기술개발은 상당히 완료되었으나, 사고 발생과 관련한 윤리적·법적·사회적 문제와 보험제도 등 비 R&D 분야에서 해결해야 할 과제들이 산적해 있기 때문이다. 또한 고 정밀 지도, 통신기술 등 관련 생태계의 인프라 미비 등을 감안 할 때, 일부 전문가들은 실제 도로를 자유자재로 다니는 자율주행차는 아직 먼 미래의 일이라는 것이라 본다. 이에 따라 세계 자동차 · IT 기업들이 잇따라 상용화 일정을 5~6년씩 미루고 있으며, 관련 손실이 눈덩이처럼 커져, 아예 개발을 포기한 곳도 속속 나오고 있다.

자율주행에서 가장 앞선 구글의 '웨이모(Waymo)'는 최장거리 자동 주행시험의 운행 데이터를 바탕으로, 다임러 트럭에 레벨 4 도입을 위한 협약도 체결했다. 한편 테슬라는 잇단 추돌 사고로 망신을 당했지만, 완전 자율주행에 계속

▲ 구글 자회사 웨이모의 '구글 카', 약 3천5백만㎞를 자율 주행 하였다.

해서 도전하고 있다. 여기에 기존 완성차업체 역시 적극적이다. GM은 자율주행 기술기업 '크루즈 오토메이션'을 인수했고, 포드는 폭스바겐과 인공지능 플랫폼 기업 '아르고AI'에 대규모 자금을 투입했다. 도요타는 차량 호출 서비스 업체 '리프트'의 자율주행차 부문을 인수했다. 현대차그룹도 미국 자율주행 전문업체인 '액티브'와 합작해 '모셔널'을 설립했다. 모셔널은 완전 자율주행에 준하는 레벨 4 수준의 자율주행 기술 개발 및 상용화를 추진 중이다. 한편 2021년 세계 자율주행차 개발 기업의 특허 경쟁력을 분석한 결과로는 1위 포드, 2위 도요타 3위 구글 웨이모이고 이어 GM, 스테이트팜뮤추얼오토모빌인슈어런스(미), 보쉬(독), 덴소(일), 혼다, 닛산, 모빌아이(이스라엘)이며 한국 기업은 상위 50위 내 현대치를 포함해 5곳이다.

자율주행차가 대중화되면 교통사고가 현저히 줄고, 혼잡비용도 줄어 에너지 비용이 낮아진다. 도로와 주차장도 그 만큼 필요 없어진다. 그 시간에 게임이나 휴식을 취하면서 엔터테인먼트를 즐겨 인포테인먼트 산업이 커질 것이다. 또한 운전자가 필요 없는 운송과 물류산업은 일자리가 없어지는 등의 큰 변화가 올 것이다. 자동차 사고 줄어들면 보험과 정비 산업의 변화도 불가피하다. 여기에 개인의 차량 소유가 줄고, 공유차량이 늘어나는 카쉐어링이 결합하면 자동차수요가 격감하여, 자동차업체의 생존경쟁은 더욱 격화될 것이다. 또 하나의 변수인 전기차산업이 가세하면 자동차산업의 기존 패러다임은 모두 바뀌어 질 것이다.

자율주행차의 핵심기술

자율주행차는 결코 한 업계의 기술만으로는 구현할 수 없다. 자율주행차 개발업체들은 주로 라이다(LiDAR), 레이더, 카메라 등 세 가지 장치를 이용해 차량의 주변 환경을 인식한다. 이밖에 초음파 등 각종 센서 기술, 차량사물 통신(V2X)기술, 고 정밀 디지털 지도기술, 인공지능 소프트웨어까지 모든 분야 간 호환과 연동이 필수다. 이를 위해 산업계 전반의 협력과 함께 새롭고 거대한 생태계가 구축되어야 한다.

환경 인식 센서 중 '라이다(LiDAR-Light Detection And Ranging)'는 사물에 빛을 쏜 후 그 빛이 물체에 반사돼 돌아오는 시간과 주파수로 물체까지의 거리를 측정하는 기술이다. 조명 환경에 영향을 덜 받는다는 장점이 있다. 대신 눈이나 비 등을 물체로 인식할 수 있어 날씨에 영향을 많이 받는다. 현재 가격도 1만 달러에 이를 만큼 비싸다. 현재 자율주행차 분야의 우버, 웨이모, 도요타 등 거의 모든 회사들은 라이다 기술을 사용한다. 반면 레이더 센서는 '전자기파'를 이용한다. 자동차의 차간 거리를 유지하는 기능인 '스마트 크루즈 컨트롤' 기능에 이 기술이 탑재돼 있다. 야간이나 악천후, 물체와 관측자가 모두 움직이는 상태에서도 안정적으로 거리를 측정할 수 있다.

카메라 인식은 렌즈 간 시각차를 통해 물체를 3차원으로 인지, 사물의 거리 정보, 교통 신호와 표지판 인식, 사각지대 탐지, 차선 이탈 등 컴퓨터 비전으로 실제 세계를 인간의 시각과 유사하게 작동하도록 훈련시킨 인공지능(AI)의 데이터 분석을 이용한다. 테슬라의 자율주행에는 레이더와 함께 카메라 컴퓨터 비전 방식을 주로 쓰고 있다. 원가절감에는 유리하지만 라이다 방식보다 정밀도가 떨어진다는 지적이 있다.

한편 자율주행으로 도로를 달리려면 기존 내비게이션 지도보다 10배 이상의 정확도를 필요로 하며 실제 도로와 10cm 정도의 차이를 갖는 고 정밀 3D 지도가 있어야 한다. 여기에 모든 사물과 유무선 네트워크를 통해 보행자 기기, 도로교통시스템 기기, 다른 차량 등 주변 환경의 다양한 요소들과 소통하는 차량사물 통신(V2X)기술이 5G 수준이상으로 구축되어야 한다. 또한 사이버 범죄를 막을 소프트웨어 버그나 해킹을 방지하는 암호화 같은 고도의 안전기술이 언제나 업데이트가 되어야 한다. 이런 모든 정보를 인지 · 판단 · 제어하는 인공지능의 SW와 컴퓨터 HW가 함께 확보될 때 비로소 사람보다 더 똑똑하고 안전한 이른바 '로봇운전자'가 등장하는 것이다.

7. 공유자동차와 모빌리티 서비스

▌ 공유경제와 공유자동차

오늘날 공유 경제(Sharing Economy)란 전통적 소유의 개념이 아닌 차용의 개념으로 플랫폼을 이용해 상품이나 서비스를 다른 사람과 함께 사용하는 경제 모델이다. 과거의 소유 중심에서 이제는 공유 개념으로 소비 패턴이 변화하고 있다. 대표적인 공유경제 서비스가 바로 자동차 구독 서비스다. 공유경제의 대표 자산은 자동차이다. 자동차는 집 다음으로 모든 사람들에게 가장 큰 자산이다. 그러나 사람들은 자동차를 하루 2시간 정도밖에 사용하지 않는다. 그러나 매달 자동차할부금, 보험료, 주차료, 세금, 수리비, 연료비, 유지보수비, 감가상각비 등을 지급하는데 실제 90%는 사용하지 않는데도 내는 것이다. 바로 놀고 있는 시간에 돈을 벌 수 없을까, 아니면 2시간만 빌려 쓸 수 없을까하고 생각하게 된다. 바로 여기서 출발하는 것이 공유자동차이다.

차량 공유는 크게 카쉐어링(Car Sharing)과 카헤일링(Car Hailing)으로 구분할 수 있다. 카쉐어링은 기업이 보유한 차량을 여러 사람들이 사용하는 서비스다. 스마트폰 앱으로 검색, 예약, 비용 지불 등을 할 수 있다. 렌터카가 하루단위로 계약을 체결하는 것과 달리 카쉐어링은 시간 단위로 계산한다. 한국의 쏘카와 그린카, 미국의 짚카, GM의 메이븐, 다임러의 카투고, 폭스바겐의 퀵카, BMW의 드라이브 나우 등이 여기에 포함된다. 차량을 함께 쓰되, 운전은 사용자가 직접 한다는 특징이 있다. 이 카쉐어링이 자율주행차 산업과 결합하면 면허에 상관없이 언제, 어디서, 누구나 자동차를 이용한다면 더 폭발적인 변화를 이끌 것이다. 자율주행차는 당신을 목적지까지 데려다 준 뒤, 다음 고객을 태우러 떠날 것이다. 단지 스마트 앱으로 신청만하면 된다. 그 차가 누구 소유인지 알 필요도 없고 밀집지역에 살지 않아도 된다.

카헤일링은 라이드 쉐어로 이동의 공유이다. 사용자와 운전자를 플랫폼 기업이 매칭해주는 실시간 차량 호출 서비스 또는 배차 서비스를 말한다. 목적지가 같은 사람들끼리 함께 타는 카풀부터 콜택시가 있고, 대표적 사업자로서 우버, 리프트, 중국의 디디추싱, 싱가폴의 그랩, 인도의 올라, 한국의 타다 등이 여기에 해당한다.

이제 공유 경제는 자동차뿐만 아니라 서울 '따릉이 자전거'와 전동킥보드 등으로 확산되는 되돌릴 수 없는 시대적인 대세이며, 특히 모빌리티 공유는 차량의 수요억제, 환경개선, 주차 공간문제 해결을 도모할 수 있다. 다만 코로나19로 비 대면이 일상화되면서, 공유 자동차 산업이 급속한 발전을 이어갈 지를 예측하는 사람은 확연히 줄어들었다.

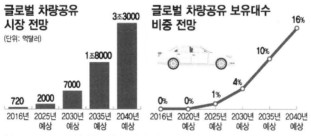

글로벌 차량공유 시장 전망
(단위: 억달러)

2016년	2025년 예상	2030년 예상	2035년 예상	2040년 예상
720	2000	7000	1조8000	3조3000

글로벌 차량공유 보유대수 비중 전망

2016년	2020년 예상	2025년 예상	2030년 예상	2035년 예상	2040년 예상
0%	0%	1%	4%	10%	16%

*자료: IHS 오토모티브, 미래에셋대우, 삼정KPMG 경제연구원 재구성
그래픽: 김지명 디자인기자

공유경제와 자동차 수요의 변화

자율주행과 승차공유가 융합되면 차량 소유에서 공유로 이동습관이 급변할 것으로 보인다. 현재 세계의 도로를 달리는 자동차는 약 15억 대지만 이를 공유개념으로 바꾸어 100% 자율주행차가 공유차로 달린다고 가정하면 그 소요는 약 2억대면 충분하다고 한다. 개인 차량의 수명은 평균 17.3년이지만 공유 차는 3.9년으로, 연간 주행거리가 공유차가 4.4배 긴 반면 차량의 수명은 4.4배 짧다. 이런 감소 효과와 상쇄 효과가 있다 하여도, 전체적으로 등록 자동차 대수는 감소세를 피하기 어렵다. 결국 자율주행이 늘고 공유차가 보편화되면 자동차 수요는 격감할 수 있다. 이 같은 자동차 시장의 변화는 기존의 완성차 업계에 큰 고민이 되고 있다. 완성차 업계는 다양해지는 모빌리티 서비스와의 경쟁에 대비해 사용자의 취향을 만족시키는 서비스와 기능, 저렴한 가격에 차량을 공급할 수 있는 개발과 생산 시스템 마련이 다급해졌다. 이는 완성차 업체가 IT업체, 다양한 아이디어를 갖고 뛰어드는 모빌리티 관련 스타트업과의 한판 승부, 또는 합종연횡이 불가피하다는 의미다.

모빌리티 서비스

4차 산업혁명 시대 유망산업으로 구글과 같은 세계적 기업들이 새로운 공유차로 불리는 모빌리티 서비스에 경쟁적으로 나서고 있다. 우버와 그랩으로 대표되는 승차공유와, 국내에서는 쏘카와 그린카가 대표적인 차량공유이다. 여기에 라스트 마일 서비스로 중국의 모바이크나 서울의 따릉이와 같은 공유자전거와 라임이나 버드와 같은 공유 퍼스널 모빌리티 등 다양한 모빌리티 서비스가 등장하여 확산되고 있다. 이러한 모빌리티 서비스는 서로 융합하고 통합되어 유기적으로 결합되어 새로운 서비스로 발전될 것으로 보이는데, 이를 '마스(MaaS)'라고 부른다. 이 마스가 자율주행차가 결합하는 로봇택시, 로봇 물류배송, 무인 대중교통 등은 새로운 핵심 싸움터가 될 것이다.

서비스로서의 모빌리티라는 뜻의 마스(MaaS, Mobility as a Service)는 목적지까지 도착하는 데 필요한 다양한 운송수단의 운행 정보와 관련 서비스들을 한 번에 제어하는 기능을 제공하는 것이다. 즉, 모든 운송수단의 통합 서비스로서 예를 들어 마스 앱에 목적지를 입력하면 이동 경로, 교통 상황, 선호도를 복합적으로 고려해 최적의 이동수단을 제안해준다. 제안 내용 중 사용자가 마음에 드는 경로와 수단을 선택하면, 각 서비스의 예약과 결제를 한 번에 완료해주는 식이다. 여기에는 마이크로 모빌리티나 퍼스널 모빌리티로 불리는 초단거리 개인 이동수단으로 끝을 이어주는 바로 라스트 마일(Last Mile)도 포함되어야 한다. 더 나아가 첨단기술에 의해 기존에 제공하던 교통 서비스보다 더 새로운 교통서비스를 통틀어 흔히 스마트 모빌리티라고 할 수 있다.

▼ 모빌리티 서비스의 개념 변화

구분	과거 (Owned-Car)	현재 (Car as a Service)	미래 (Mobility as a Service)
이동 방식	자동차의 소유	자동차 공유(카쉐어링), 이동 공유(카헤일링)	새로운 운송 수단의 등장 및 이동수단 간의 연결
Biz 모델	제조업	제조업과 서비스업 이원화	서비스업 중심
중점 가치	안전성, 가격, 브랜딩	안전성, 가격, 브랜딩 + 플랫폼, 이용자 수 등	연결성(Connectivity) 데이터베이스 선점
경쟁사	차량 제조사	제조와 서비스 경쟁 이원화	IT기업, 스타트업 등
대표 기업	완성차업체	Uber, Lyft(GM), zipcar 등	Google, Amazon, Apple 등

8. 커넥티비티 자동차

▌IT 산업과 접목되는 커넥티드 카 시대

인터넷과 소프트웨어의 PC와 스마트폰 전유물이 이젠 자동차로 확대되고 있다. 4차 산업혁명의 핵심 키워드인 IoT에 의해 자동차가 인터넷에 연결되는 또 다른 모빌리티 시대가 열리고 있는 것이다. 이를 커넥티드 카(Connected Car)라고 부른다. 바로 인터넷에 연결되는 달리는 고성능 컴퓨터 자동차 시대가 열리는 것이다.

이제까지 모든 자동차는 1990년대 초 보쉬가 개발한 차량 내부에서 통신하는 통신프로토콜인 CAN으로 통하였으나, 2010년 초부터 자동차도 loT에 의해 커넥티드 카가 등장하고, 5G 무선통신이 적용되기 시작하면서 자동차, 집, 사무실 나아가 도시까지 하나로 연결되는 초연결 지능자동차 시대로 접어들게 되었다.

이렇게 네트워크 발전에 따라 자동차와 운전자의 인터페이스 강화, 타 기기와의 서비스 융합 방향으로 텔레매틱스 고도화된 것이 실시간 도로정보, 요금 자동징수 등 지능형 교통 시스템(ITS), 스마트폰을 통한 차량제어, 차량 내 음악/동영상 Streaming 등 대부분의 자동차가 'Connected Car' 기능을 탑재하였다. 또한 스마트폰을 업데이트하듯 계기판에 클릭 한번으로 차량성능과 점검을 수시로 무선 업데이트하는 OTA(Over-The-Air)서비스도 가능해진다.

다만 구글은 '안드로이드 오토'와 애플은 '카 플레이'가 프로그램을 통해 이용자들이 보유한 스마트폰을 자동차에 연동시키는 기술

▲ 커넥티드 카의 기능과 개념

을 제공하며 검색, 지도, 광고, 콘텐츠 같은 광범위한 서비스를 하고 있다. 국내외 자동차업체들은 이 시장을 빼앗기지 않으려고 자체 인포테인먼트 시스템 개발에다가 음성 인식에 집중하고 있다. 마켓 앤 마켓의 자료에 따르면 세계 차량용 인포테인먼트 시장은 2019년 243억 달러에서 2027년 548억 달러로 연 평균 성장률 10.7%로 전망했다. 현대차그룹은 자동차 운용체계 주도권을 잡기 위해 구글의 '안드로이드 오토모티브 OS'과 결별하고, 2020년부터 제네시스 일부 차종에 자체 OS를 처음 적용한 데 이어, 2022년부터 독자 개발한 리눅스 기반의 운용체계를 적용한다.

자동차 기술과 신차개발

1. 자동차 기술
2. 자동차 모델 개발과 플랫폼
3. 신차개발과 프로세스
4. 자동차의 성능과 안전

1. 자동차 기술

자동차 기술의 분류 - 제품기술, 제조기술, 공정기술

자동차 기술은 제품 기술(Product Engineering), 제조 기술(Manufacturing Engineering), 공정 기술(Process Engineering)로 나누어진다. 제품 기술은 목표로 하는 제품의 성능, 품질, 원가를 달성하기 위한 설계, 해석, 시험, 평가로 나누고, 세부내용은 차량과 각 부품별, 프로세스별, 목표항목별(안전도, NVH, 배기가스, 연비, 공력, 전자제어, 승차감 등)로 나누어진다. 특히 미래 차에 관련된 부분을 앞서 연구하는 선행개발 기술 분야가 더욱 중요해지고 있다. 즉 △ HEV · 수소연료전지차 · 전기차 등의 핵심기술 △자율주행 스마트 안전 기술, 영상 · 음성 인식기술, 디지털 컨버전스 등 지능형 안전 · 편의 기술 △초경량 · 기능성 나노복합소재, 바이오 소재 등의 재료 △멀티피직스 · 멀티스케일 해석, 인체-차량 융합 해석 △친환경차 Energy Management (제어/연비/공력/교통), Future Mobility 개발의 차량시스템 분야이다.

▼ 자동차 기술 분류

제품기술	차종/UNIT/Component 별 설계, 해석, 시험, 평가 　– 승용차, SUV, 트럭, 버스, 경차, 스포츠카 등 　– 전기차, 하이브리드 카, 수소연료전지차 등 　– 엔진, 변속기, 액슬, 조향, 제동, 차체, 냉각, 공조 기술 　– 스타일링, 모델링, 프로토, 설계, 해석, 시험평가, 인증 목표 항목별 기술 　– 연비 향상, 배기가스 저감, NVH, 안전도, 경량화, 공력, 　　전자제어, 승차감 신차 개발기술, 신소재 기술, 선행연구 기술, ITS, 대체연료, 스마트 카, 통합전자제어, 자율주행차, 커넥티드, 뉴 모빌리티
제조기술 공정기술	공정기술 : 주조, 단조, 열처리, 표면처리, 기계가공, 금형, 프레스, 　　　　　 용접, 도장, 조립, 검사/시험 자동화 기술 : CNC, FA, FMC/FMS, CIM, 유·공압, 로봇 관리수법 기술 : 설비관리, 품질관리, 작업관리, 물류관리, 원가관리

2. 자동차 모델 개발과 플랫폼

모델 전략과 모델 변형(Model Variation)

자동차에 있어 모델이란 어느 회사에서 생산되는 제품이 그 회사의 타제품과 완전히 다른 외부차체를 사용한 것을 뜻한다. 따라서 차체외형의 전체 모습(Silhouette)이 전혀 다른 차이므로 도어의 수를 변형시키거나 차체 뒷부분을 바꾼 스테이션왜건, 노치백 세단, 해치백 세단과 같은 파생차종이나 버전은 하나의 모델로 간주된다.

모델 전략은 새로움과 차별성을 추구하는 소비자의 욕구에 부응하기 위하여 모델의 다양성과 동시에 엔진이나 변속기 조합, 부품레벨, 조립 부품단위와 수량, 각 국별 고객이나 인증요구 등 생산에서 나타나는 생산다양성(Underskin Complexity)을 늘리며, 또 이를 위해 제품 개발 사이클을 어떻게 단축시키느냐가 성패의 열쇠이다. 모델수는 차체(Body Style), 엔진, 변속기, 선택 사양, 탑재장비, 의장 수준, 판매지역별 특별 사양과 인증요건 등으로 매우 다양하여 여기에 칼라 사양과 철판 소재까지 조합한다면 하나의 차종은 수백 수천 가지의 변형 모델이 있을 수 있다. 아울러 시장에서의 소비자 니즈와 새로운 기술변화를 신제품에 반영함으로써 소비자의 구매 욕구를 창출할 수 있는 수단은 모델교체 밖에 없기 때문에, 다른 조건이 동일하다면 모델교체를 빠르게 하는 기업이 그렇지 못한 기업에 비해 강한 경쟁력을 갖게 되는 것은 당연하다.

	▼ 신제품개발 종류
신규모델 신차종 (New Product/ Model)	▫ 새로운 플랫폼, 새로운 브랜드 ▫ 내·외장 및 새시 전면 신규개발
전면적 모델 개조 (Full Model Change)	▫ 기존 차종의 전면적 개조 모델 ▫ 경쟁력 제고와 수요창출을 위해 3~6년 주기 ▫ 새시는 주로 Carry-over, 내·외장은 신규개발
중규모 모델 개조 (Minor Change)	▫ 기존차종의 부분적 개조 모델(차체외관) ▫ 수요 유지를 위해 2~4년 주기로 변경
소규모 모델 개조 (Face Lift)	▫ 부분적 소규모 개조(라디에이터, 범퍼 등) ▫ Model Life 연장 목적 1~2년 주기로 변경 ▫ 신선한 이미지 유지를 위해 Model Year
사양 변경 (ECO/ ECN)	▫ 품질개선, 성능개선, 국산화, 공정개선, 고객요구, Claim처리 목적 일부 사양변경

세계 자동차산업에서의 모델 교체주기는 고급차는 길고 대중차
는 짧으며, 지역적으로 일본은 짧고, 유럽과 미국이 긴 특징을 가지
고 있다. 일본메이커의 대중차를 예를 들면 모델 교체는 4년에 1회,
그 중간 연도에 부분교체 1회 실시하는 것이 보통이다. 이에 비해
미국과 유럽에서는 대중차는 5년 이상이며 고급차는 6~7년 이상의
주기를 유지하고 있다.

플랫폼과 모델

자동차 모델개발의 프로젝트는 전략상 크게 3가지이다. △전혀
새로운 플랫폼(Platform)을 쓰는 신규 모델개발(New Design) △플랫폼
가운데 플로어 패널이나 서스펜션 시스템을 약간 변형하는 응용개
발 △플랫폼은 그대로 두고 차체만 수정하는 단순 수정개발이다.
여기서 플랫폼이란 스타일링의 영향을 받지 않는 모델의 기본구조
로서 크게 차체 플랫폼과 구조(Mechanical) 플랫폼으로 나누어진다.
차체 플랫폼은 언더 보디패널, 대시패널 등을, 구조 플랫폼은 서스
펜션, 스티어링, 휠, 엔진, 미션 등을 말한다. 따라서 플랫폼은 신제

품개발의 핵심요소로서, 나머지 차량부품의 기본성격에 영향을 크게 미쳐 하부시스템 또는 표준차대라고도 한다.

플랫폼과 관련한 차종 세분화의 핵심은 파워트레인(동력장치)이다. 하나의 차체에 출력이 다른 여러 종류의 파워트레인을 집어넣는 것이 기술이다. 차종을 세분화하고 싶어도 기술이 없어 포기하는 경우도 수두룩하다. 세분화는 차의 형태, 파워트레인, 구동방식, 디자인의 조합으로 하나의 차를 수십 종으로 쪼갠다. 엔진은 디젤과 가솔린이 다양한 배기량으로 존재하고, 변속기도 수동, CVT, 자동, 더블클러치로 각 엔진 특성에 맞게 다양하게 갖춰야한다. 차체는 세단을 기본으로 해치백, 왜건, 컨버터블, 쿠페, 크로스오버 등으로 다양하게 가지를 친다. 굴림 방식도 앞바퀴 굴림이나 뒷바퀴 굴림을 기본으로 네 바퀴 굴림이 가세한다. 여기에 왼쪽, 오른쪽의 조향장치, 의장의 레벨, 다양한 차량 컬러, 수십 종의 옵션, 나라별 고객별 요구사양 등 이론상으로는 수천 종류까지 가능하지만 실제로도 수십 종류에 달한다.

플랫폼 통합

여러 사이즈의 차를 블록 조립하듯이 각각의 세부 요소들을 골라 만드는 플랫폼 공용화가 모듈화와 더불어 발전하였다. 전에는 플랫폼을 공유한다고 해도, 대부분은 사이즈 하나끼리 돌려쓰는 경우가 대부분이었는데 플랫폼 1개만으로 소형차부터 중형차까지 다 해결하며, 더 나아가 엔진조차도 모듈 하나만으로 다양한 종류의 엔진을 생산한다. 플랫폼 통합을 통해, 개발비용과 개발기간도 절감하고, 더 나아가서 생산라인 수와 차량 관리비까지 절감함으로써 차 값도 저렴해질 수 있다.

플랫폼 통합은 제품 개발비용 절감, 개발기간 단축, 부품 공용화, 대량 구매를 통한 부품 구매비 절감 등의 비용절감 효과가 뛰어나다는 점 때문에 1990년대 들어 세계적 추세가 되었다. 현재 세계의 모든 완성차 업체들은 이 트렌드를 따라 200만 대 이상의 차량에 적용되는 '메가 플랫폼'을 구축하는 경우가 많다. 폭스바겐은 2020년까지 MQB-플랫폼으로 매년 800만대 이상의 차량을 생산할 계획이며, 현대는 AD-플랫폼으로 4백만 대 이상을 계획하고 있다. 르노-닛산(CMF-2), 포드(C2), GM(Gamma)과 도요타(TNFA-C) 역시 2022년도에는 2백만 대 이상의 메가 플랫폼을 통한 양산 계획을 갖고 있다.

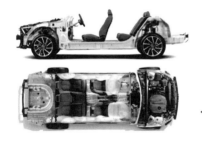

◀ 현대차 소나타 3세대 플랫폼, 강도를 10% 높였고 무게는 55㎏ 이상 낮췄다.

현대자동차가 기아를 인수한 후에 현대차그룹은 2002년 22개 플랫폼에서 28개 모델을 생산했지만, 2013년 2세대로 6개 플랫폼에서 40개 모델을 생산했다. 제품 개발기간도 40개월에서 2013년 19개월로 단축했고, 모델 개발비를 크게 절감하면서도 제품라인업을 완성하며 그룹의 경쟁력 향상에 크게 기여했다. 2019년부터 현대자동차는 3세대 플랫폼으로 소형차 시장 경쟁력 강화와 고급 후륜 자동차 시대의 본격화를 위해 초소형-중소형-중대형-후륜 중형-후륜 대형-경차로 라인업을 바꾸었다. 특히 제네시스로 대표되는 고급차는 후륜 기반의 새로운 통합 플랫폼으로 차종을 크게 늘리고, 고급차 특성을 살린 차량을 개발할 수 있게 되었다.

생산방식에 있어서도 '모듈 킷 구조(Modular Kit Architecture)'는 자동차 개발비와 생산비를 줄이기 위한 방식인데, 글로벌 완성차 업체들이 경쟁적으로 도입하고 있다. 모듈 킷 생산방식은 모든 차량에 단일 플랫폼을 적용하는 생산방식이다. 종래엔 동급차량만 같은 플랫폼을 공유할 수 있었지만, 모듈 킷 구조에선 전 차종을 망라한다. 모듈 킷의 원리는 '레고 식 조립'이다. 엔진, 변속기 등 각 기능을 하는 뭉치(모듈)들을 표준화해 레고 블록 조립하듯 어디에든 얹을 수 있도록 함으로써, 신차 개발에 들어가는 시간과 돈을 줄인다.

플랫폼을 개발할 때 가장 먼저 차의 크기와 성격에 따라 차체구조는 프레임과 모노코크로 나누고 구동방식은 전륜과 후륜으로 나누는데 탑재엔진의 크기와 구조와도 관련이 있다. 일반적으로 중소형 차량은 대부분 전륜구동 방식을 채택하는 데 그 이유는 차량중량을 감소시키고 구동효율을 증대시켜 연비를 향상 시킬 수 있고 차량의 실내공간을 확보하기 쉬우며 단순한 구조로 원가를 절감할 수 있다. 그러나 대형 고급차량은 승차감에 중점을 두고 있어 대부분 후륜구동 방식을 쓴다. 또한 차체구조는 승용차는 모두 모노코크 구조이고 SUV 차량은 도입 초창기는 프레임에서 점차 모노코크로 이행하고 있다.

▌엔진 개발

자동차의 심장부인 엔진은 자동차의 성격, 차급, 성능, 품질, 내구성, 경제성, 가격 등을 결정짓는 가장 중요한 부품이다. 또 자동차메이커가 독자엔진을 갖는다는

것은 '기술자립'이란 상징적인 의미 외에 수출 제한에서 벗어나고 기술사용료도 절감할 수 있어 고유엔진의 개발과 자체 생산은 자동차메이커의 기본 생존요소이다. 하나의 새 엔진이 탄생하는 데는 대략 3~4년의 시간과 약 3~5천억 원의 개발비가 투자된다. 여기에 생산설비 투자까지 포함하면 약 1조원이 들어간다. 엔진 개발과정은 ▷기획 ▷설계 ▷시제품 제작 ▷테스트 및 수정 ▷개선설계의 5단계로 나누어진다.

기획단계에서는 배기량, 엔진방식, 보어·스트로크의 크기, 신기술 적용 등을 결정하며 기획단계에서 새 엔진의 기초골격이 세워지면 이를 기초로 상세 설계에 들어간다. 이 설계도면으로 시제품을 제작하고 실제 적용할 차량에 장착 테스트를 한다. 주행시험장과 일반도로에서 10만km이상의 주행시험을 거치며 수정작업을 반복하고. 개선설계 단계를 거쳐 대량생산에 들어간다. 이런 개발과정을 자동차업체가 독자적으로 하는 것은 아니다. 기술부족으로 엔진 개발 기술 전문회사와 공동 또는 위탁해서 개발하기도 한다.

현대차그룹이 글로벌브랜드로 도약할 수 있었던 것은 알파엔진의 독자개발로 시작되었다. 1983년 엔진개발팀을 만들고 7년4개월 만인 1991년 1월 알파엔진(1,495cc)을 완성하였고, 동시에 독자변속기를 만들어 일본 미쓰비시자동차로부터 독립하였고, 이후 세타, 감마, 람다, 타우 등 독자엔진을 만들어내며 글로벌 자동차회사로 성장한 것이다. 만약 1980년대 독자 엔진 개발을 추진하지 않았다면, 혹은 미쓰비시의 견제와 방해로 중도 포기했다면, 오늘의 현대차그룹은 존재하지 않았을 것이다.

◀ ZF DCT

한편 자동차 변속기는 엔진과 더불어 구동계의 핵심 요소다. 주행
성능은 물론 승차감 및 연비와 직결된 변속기는 엔진 동력을 차의
속도에 맞는 회전력으로 바꿔서 바퀴에 전달한다. 자동변속기는
1939년 미국의 제너럴모터스(GM)가 2단 자동변속기를 만들어
1940년 '올즈모빌'에 처음 탑재했다. 이후 기술 및 소재 발전으로
자동변속기 단수는 계속 올라가 현재 한계라는 10단에 다다랐다.

3. 신차개발과 프로세스

제품개발력은 기업경쟁력의 원천

자동차메이커의 경쟁력 원천은 제품개발력에 달려있다. 제품개발력은 첫째, 신제품의 개념화에서 시장 출하까지 소요되는 리드타임 둘째, 다양한 모델을 신속히 개발해 낼 수 있는 제품개발 생산성 셋째, 제품의 신뢰도(낮은 결함지수), 설계의 우수성, 소비자의 높은 재 구매 의도 등을 나타내는 종합상품력 등의 세 가지 측면에서 우수한 기업이 경쟁력을 갖게 된다. 특히 스타일 확정부터 신차개발 소요기간이 현재는 15개월 정도로 단축되었다. 이러한 개발경쟁력은 개발과정의 통합화와 제조하기 쉬운 설계, 그리고 개발과정에 얼마나 빠르게 많은 부품업체가 참여하느냐에 달려 있다.

디자인 인과 게스트 엔지니어링

자동차는 대표적 조립 산업이므로 수많은 부품을 모두 완성차업체가 자체 개발하는 것은 거의 불가능하다. 따라서 신차개발에 능력 있는 부품업체의 조기참여가 절대 필요하다. 제품개발에 부품업체의 참여를 촉진하는 대표적인 예는 신차개발에 부품업체를 참여시키는 디자인 인(Design-In)과 부품개발에 있어 완성차업체는 부품개발의 콘셉트와 사양만 제시하고 나머지는 부품업체가 세부설계부터 테스트까지 담당하는 승인도 부품이 있다. 반면에 완성차업체가 설계도면을 제작한 후 부품업체가 이 도면에 따라 생산하는 것을 대여도 부품이라고 하고, 부품업체가 단독 개발한 것을 완성차업체가 선택 사용하는 것을 시판부품이라고 한다.

한편 신차개발에 참여하는 협력업체 직원을 모기업에 초청하여 개발과정에 함께 일하면서 조기에 품질 확보와 개발기간의 단축, 더 나아가 협력업체의 설계능력 배양에도 크게 기여하게 되는데 이를 '게스트 엔지니어링'이라고 부른다. 이렇게 제품설계와 제조 엔지니어들 간의 긴밀한 의사소통과 협조관계를 나타내는 개발과정의 인적 통합도가 높을수록 생산성 향상과 리드 타임의 단축이 이루어져 종합적 상품력이 높아지게 된다. 여기에 컴퓨터의 디지털 네트워크로 제품기획, 설계, 시작, 부품개발, 생산 등의 각 부문이 리얼 타임으로 연결되어 개발 프로젝트의 통합도도 빨라졌다. 이러한 방식을 '동시 엔지니어링'이라고 한다.

▌선행 개발

하나의 새로운 자동차 모델은 일반적으로 향후 10년 정도의 기술 동향을 예측하는 기초연구나 신기술개발 등을 엔진, 변속기, 현가장치 등과 같은 주요기능 부품의 설계, 프로토타입 조립, 시험까지를 포함하는데 이를 선행 개발이라고 부른다. 선행 개발(Advanced Engineering)은 기초 공학연구, 소프트웨어 연구, 전자공학, 물리학, 인간공학 등 선제적인 미래 자동차 기술 확보를 위한 다양한 연구 분야에 걸쳐 하는데 주로 자율주행, 전기차, 반도체, 인공지능, 차량성능, 소음진동, 안전, 연비, 대체연료, 공기역학, 신소재, 전장, 신 엔진, 신 변속시스템 등의 개발과 개선에 주력한다. 선행개발은 파워트레인과 플랫폼의 개발이 중심이 되는데 엔진이 주축을 이루는 파워트레인의 개발이 완료되면 전체 제품개발의 약 40%가 완성되었다고 볼 수 있으며 플랫폼까지 개발이 끝나면 약 80%가 사실상 이루어진 것으로서, 신제품개발은 바로 선행개발의 성패에 달려 있다.

다만 현재 개발 중인 전기차와 자율주행차의 통합전자제어 플랫폼은 선행개발의 핵심이다. 가장 앞선 테슬라는 이미 경쟁사를 수년을 앞서가고 있으며 플랫폼을 구성하는 ECU가 테슬라는 3개에 불과하지만 타사들은 수십 개가 있다. 기술수준이 차이이다. 한편 현대차는 2021년 선행기술원을 성남시 판교에 세우고 미래 차의 핵심인 IT와 관련한 자율주행과 인공지능 확보에 주력하고 있다.

신차개발 프로세스

신차는 나라마다 회사마다 개발형태가 다르지만 풀 모델 체인지로 신차가 양산되어 시장에 나오기까지는 ▷기획단계, ▷설계단계, ▷시작단계, ▷시험단계, ▷양산시작단계를 거쳐야 하며 수천억 원에 이르는 투자비와 통상 2년의 개발기간을 쏟아 부어야 한다. 따라서 각 메이커는 얼마나 개발기간을 단축할 것인가, 개발방법을 어떻게 혁신적으로 변화시킬 것인가라는 과제를 항상 안고 있다.

새 차를 만들려면 무엇보다 3~4년 뒤를 내다볼 수 있는 예측력을 갖고 있어야 한다. 하나의 예로 신차 개발에 걸리는 기간이 2~3년, 양산 후 단종 할 때까지 5~6년, 폐차되려면 8~10년이 걸릴 것이다. 따라서 어떤 모델이 기획되어 사라질 때까지 적어도 16~20년의 기간 동안 시장과 고객에게 받아들여지도록 기획되어야 한다. 새 차의 성패여부는 기획과 시장조사에 달려있다고 할 만큼 중요하다. 자사와 경쟁사의 동향과 세계적 수준을 냉정하게 평가 분석하여 중장기 상품기획 안을 작성하고 이어 구체적인 개발목표를 설정한 제품개발 계획을 만들어 최고 경영층의 승인을 받는다.

이에 앞서 아이디어를 모으는 회의를 거치며 제품개념을 개발(Concept Development)하고 개발 모델을 확정한다. 개발하려는 상품의 콘셉트가 정해지면 다시 수개월동안 세부검토를 거쳐 구체적인 차량의 개발계획을 정하게 된다. 여기에는 신차의 설계와 생산을 위한 기본 제원을 검토하고 실내 스페이스 레이아웃을 설정한다. 동시에 연비와 성능, 내구신뢰성, 차량중량, 엔진방식, 각 기구의 메커니즘 등을 어떻게 설정할 것인가를 면밀히 검토한다. 이때 경쟁 차나 앞선 차를 벤치마킹하기 위해 차량을 '분해분석(Tear Down)'해서 구조, 재질, 무게 등의 설계목표를 설정하는데, 이는 자사 제품과 국내외 타사 제품을 분해하여 부품을 기능적으로 철저하게 비교 검토하고 데이터를 나열하여, 현 제품의 개량이나 차기 개발제품에 반영하는 기법이다.

▌디자인 단계

기획단계는 대부분 기획이나 마케팅 부서를 중심으로 진행되나, 디자인단계부터 연구소로 업무가 넘어가 디자인팀과 설계팀이 본격적으로 작업에 들어간다. 디자인팀은 신차개발 방침이 정해지면 곧바로 외형 디자인작업을 시작한다. 자동차의 디자인은 크게 외장설계, 내장설계, 컬러디자인으로 나누어진다. 외장디자인을 기준으로 업무 프로세스는 ▷디자인 콘셉트단계 ▷아이디어 전개단계 ▷품평단계 ▷선도단계로 순차적으로 확정될 때까지 반복을 거듭한다.

디자인 콘셉트단계는 스타일 이미지를 설정하거나 기획 목표를 향해 스타일링의 방향을 어떻게 특징짓는가를 결정하는 작업으로 기획의 목표에 대한 고객의 속성, 취향, 사용목적, 사용방법, 경쟁차 특징, 스타일링 경향 등의 관련 자료를 폭 넓게 수집하고 그 목표의 배경을 충분히 인식한다.

아이디어 전개단계는 설정된 이미지를 구체적인 아이디어 스케치로 기본적인 레이아웃을 설정하여 스타일 측면에서 검토한다. 설계 레이아웃과 스타일 이미지가 서로 부합되지 않아 이미지가 붕괴되는 경우가 생기기도 한다. 이를 위해 1:1의 테이프 드로잉과 1:1테이프 렌더링으로 스케일 모델을 만든다.

렌더링(Rendering)이란 많은 아이디어 스케치 가운데서 선택된 아이디어를 기초로 이미지를 구체화한 형상으로 표현하는 것이다. 이때 조형적 기술적 현실을 가미한 형상으로 표현하기 위해 자동차만이 아닌 배경도 넣어 스타일의 이미지를 북돋우는 수법이다. 또 스케일 모델이란 입체조형 검토 작업으로 통상 1/5축척으로 만들어진다.

모델을 확정하고 디자인을 최종 결정들 받기 위해서는 각 단계마다 테이프 드로잉이나 클레이 모델로 필요한 의사결정을 해야 하며 최종적인 의사결정을 받기 위해서는 풀 사이즈 보드에 테이프 드로잉을 하고 레이아웃 그림으로 거주성, 기계성, 법규 등을 검토하여 최종적인 1/1 클레이 모델을 만든다. 가장 실차에 가까운 형태로 내외장과 색채 등 전체가 실차처럼 마무리가 끝난 모델로 프레젠테이션을 한다. 이를 3D 디지털(CAS, Computer Aided Styling) 모델로 구현하기도 한다. 디지털 모델은 버추얼 영상(VR)모델과 3D 프린터모델(실물)로 만들어지며 이를 바탕으로 디자인검증 및 평가업무를 수행한다.

버추얼 개발이란 다양한 디지털 데이터를 바탕으로 가상의 자동차 모델 혹은 주행 환경 등을 구축해 실제 부품을 시험 조립해가며 자동차를 개발하는 과정을 상당 부분 대체하는 것을 말한다. 현대ㆍ기아차는 VR을 활용한 설계 품질 검증 시스템으로 모든 차량 설계 부문으로부터 3차원 설계 데이터를 모아 디지털 차량을 만들고 가상의 환경에서 차량의 안전성, 품질, 조작성에 이르는 전반적인 설계 품질을 평가한다. 이 시스템은 정확한 설계 데이터를 기반으로 실제 자동차와 100% 일치하는 가상의 3D 디지털 자동차를 만들 수 있다.이로써 신차개발 기간과 비용을 줄일 수 있다.

▲ 현대 소나타를 가상의 3D 디지털 VR로 본 모습

디자인이 통과되면 스튜디오 엔지니어와 설계 엔지니어에 의해 선도 작업이 시작된다. 선도는 승인된 디자인의 차체형태와 주요 외장부품의 모양을 보여주는 도면이다. 차체 모양을 3차원 측정기로 읽은 수치 테이프를 자동선도기에 입력해 3면도 스킨데이터를 만든다. 스킨데이터는 디자인 업무의 최종단계이자 설계 업무의 시작이 되는 데이터이다. 선도에는 설계나 생산기술에서 요구하는 모든 조건을 반영한 것이 아니기 때문에 부품 간섭, 단차, 간격, 모양, 생산기술의 문제점인 가공성, 생산성 등을 해소하기 위한 설계와 시작 시험이 계속 이루어져야 한다. 선도는 연구용 풍동모델, 시작 목형 등의 NC가공, 부품 현도 작성, 금형 설계·가공에 이르기까지 폭 넓게 활용된다. 이런 디자인작업은 스타일링의 중심인 렌더링과 테이프 드로잉은 물론 선도 작업까지 컴퓨터를 이용한 스타일링과 소프트 프로그램으로 엔지니어링 작업기간이 크게 단축되었고, 스타일링 품질도 크게 향상되었다.

설계 단계

차량개발에서 가장 중요한 의사결정 사항인 제품기획, 디자인 모델 고정, 목표원가, 목표중량, 목표성능 등을 달성하기 위한 구체적인 활동을 하는 것이 설계단계이다. 차량설계는 약 2만개의 부품을 조립해서 만든다. 이때 조립패턴이 되는 토대를 플랫폼(차대)이 기본적으로 있고, 부품과 부품이 이어지는 인터페이스라는 이론설계가 선행되어야 한다. 지금은 이런 플랫폼 설계에서 모듈 설계로 진화하고 있다. 모듈설계는 불필요한 사양을 떼어내고 필요한 기능에만 초점을 맞춰 아키텍처를 결정한다. 플랫폼을 가변부분과 고정부분으로 나누고, 고정부분을 구성하는 부품을 포함해 조각 케이크처럼 나눔으로써 호환성이 높은 모듈단위로 설계한다. 이런 모듈설계는 VW MQB, 르노닛산 CMF가 대표적이다. 여기에 ECU가 제어하는 많은 전자제어의 연결방식으로 구성되는 전자플랫폼이 CASE 혁명으로 새로운 IT아키텍처로 중요해지고 있다. 이 흐름에 따라 글로벌 자동차 제조사는 전기차 전용 플랫폼 개발에 열을 올리고 있다. 최근 현대차그룹의 'E-GMP'와 폭스바겐의 'MEB' 외에도 GM의 '얼티움'이 대표적인 전기차용 모듈형 플랫폼이며 PSA그룹의 'eVMP'나 메르세데스 벤츠 'EVA2' 등도 주요 전기차 전용 플랫폼으로 꼽힌다.

모듈 설계나 플랫폼 개발에 앞서, 설계 전에 차량 디자인과 연계해 시스템별 설계 장치의 기본개념을 설정하고 제품구상을 작성해 본다. 이 단계는 1회로 끝나지 않고 디자인과 선행시작 단계, 시작 단계를 거치면서 설계 장치가 도면 화될 때까지 계속 보완하게 된다. 이 설계구상서에는 설계 장치가 갖춰야 할 사항으로 △설계의 방향과 목표치 △구조의 특징 중량 △관련 법규 기준 및 경쟁차량 관련 정보 △설계 일정 △설계 장치의 재질 및 성형성, 조립성, A/S성 등이 종합적으로 작성된다. 이어 시작차 제작용 시작도면으로 시작차를 만들고, 시험을 거쳐 다시 양산차 정식도면을 만들어 수정 보완하여 최종적인 양산도면과 사양을 확정한다. 설계는 차체설계, 의장설계, 새시설계, 전장설계로 나누며 처음부터 컴퓨터로 설계, 해석, 시험, 제도가 이루어진다.

시작 단계

시작은 계획→설계→시작→양산의 과정에서 이뤄지는 제품 개발의 일환으로서 미완성된 설계도면을 완성하기 위해 가장 빠른 시간 내에 도면을 바탕으로 차량을 시험제작하는 것이다. 이 시작으로 설계사양의 품질을 확인하고, 신차의 제반 성능을 최단 시일 내에 양산에 준하는 품질로 제작하기 때문에 시작차(프로토타입)는 양산차의 원형을 이룬다. 이 단계에서 차량 디자인 및 설계구상서 단계에서 구상한 각 시스템 및 부품에 대한 시작 도면이 작성되며 시작 차량을 통해 검증 후 양산도면화 된다. 또한 시작설계 검토단계에서는 차량 개발을 구체화하기 위한 '구조해석'으로 보다 완성도 높은 시작 차량을 만들거나 목표 성능에 부합하는 차량을 만들기 위해 '성능 시뮬레이션'을 이용하기도 한다. 구조해석은 차체의 강도,

강성, 진도 등의 특성을 알아보는 것이며, 성능 시뮬레이션은 연비와 배기, 동력성능, 조종안정성, 승차감 등 기본적인 특성을 예측하는 것이다.

▌시험 단계 - 자동차는 시험의 산물

자동차는 많은 부품과 장치로 구성되어 그 성능과 기능은 서로 복잡하게 연계되어 있기 때문에 반드시 시험으로 그 필요한 정보를 얻지 않으면 안 된다. 메이커로서는 전 세계 어떤 고객이 어디에서 어떻게 자동차를 사용하는지 제대로 알 수가 없고, 또 고객은 폐차될 때까지 차량의 모든 것을 주시하고 있기 때문에, 완벽한 시험을 통한 모든 사용조건과 환경의 시뮬레이션을 해보거나, 검증을 하지 않으면 안전도와 품질에 대한 신뢰성을 확보할 수 없다.

자동차는 '시험의 산물'이라고 할 만큼 시험의 과정과 종류도 많고 또 중요하다. 시험은 개발단계에 따라 선행시험, 시작차 시험, 파일럿 카 시험, 생산차 시험으로 나누어지며 시험 항목은 진동소음, 충돌, 방청, 가속, 내구성, 성능 등이 있다. 또한 시험은 메이커 자체의 품질 테스트와 각종 법규에 따라 실시하는 법규 테스트가 있다. 우리나라의 법규 테스트는 양산차의 형식승인제도로 구조기준, 안전기준, 내구시험, 성능시험(38개 항목)과 환경 관련법규에서 정하는 배기가스와 소음의 시험인증이 있다.

메이커가 자체적으로 실시하는 시험은 △각종 성능(출력, 속도, 등판능력 등)시험, △충돌 시 승객과 차체의 피해정도를 분석하는 실차충돌시험(Crash Test), △물이 스며드는 여부를 점검하는 수밀도시험, △공기저항과 역학구조를 점검하는 풍동시험(Wind Tunnel Test),

△소금물과 진흙탕에서 실시하는 부식시험, △영하 50℃ 이하의 냉동실에서 실시하는 혹한시험, △요철 길을 달리는 진동시험, △소음시험, △브레이크시험, △연비시험, △냉각성능시험, △조종안정시험, △공기조화시험, △승차감시험 등 수없이 많다.

▼ 자동차 품질평가 항목

외관(Exterior)	외관, Finish/단차/Gap 세련미, 균형미, 안정감, 크기, 짜임새, 마무리
인테리어(Interior)	계기판, 도어그립, 시트, 콘솔, 카펫, 트림류 전체적 배치, 세련미, 끝마무리 상태, 감성
거주성	승하차성, 시트/벨트, Leg/Head/Shoulder Room
조작성	Steering Wheel, Seat, Door, Console, Switch, Pedal, Lever의 편리성, 부드러움, 정확성, 느낌
정비성	엔진 Room, Spare Tire, 소모품, 오일류 점검교환
공조 성능	실내온도 조절, 환기/풍량 배분, 서리/안개 제거
시계성	전/후/측면 시계, 후방감지, 거울
조명/ 품질	계기판 시인성, 램프류 조명, A/V 음질, 선명성
동력 성능(Performance)	초기 가속감, 추월 가속감, 고속/등판 주행성능
운전 성능(Driveability)	시동감, Idle Feel, 엔진성능, Shiftability, 페달작동
승차감(Ride Comfort)	노면 충격 흡수정도, 차체진동, Ride Motion
조종안정성(Handling)	직진 안정성, Steering 응답성/복원성/ 가볍고 부드러움, 조타안정성, Road Shock
소음·진동(N·V·H)	Idle Shake, 소음(Wind/Road/흡기/Booming) 엔진 소음, Driveline 소음, 마찰소음
제동 성능(Brake)	제동력(고열, 강우시), 페달 Feel, 제동안정성(자세), 진동이나 끽 소음

이러한 주행시험은 주로 주행시험장(Proving Ground)에서 이루어지는데, 현대차의 경우는 남양 종합기술연구소 주행시험장과 울산공장 주행시험장 외에 미국 캘리포니아에 530만평 규모의 종합주행시험장을 운영하고 있다. 메이커들은 또 일반도로와 다양한 자연조건에서 실시하는 로드테스트도 중요시한다. 로드테스트는 스칸디나비아 반도나 캐나다 북부의 혹한지대와 미국 애리조나 사막의 혹서지역 등 가혹한 조건에서 실시한다.

생산 준비 단계

시작단계에서 발견된 문제점을 보완해 양산을 위한 최종 설계를 하게 되는 생산 준비단계로서 양산업체의 양산 견본품으로 여러 검사를 한다. 이렇게 양산도가 검사를 거쳐 최종 설계가 확정되고 도면이 배포되면 생산 공정계획, 설비계획, 양산시작(선행양산) 계획이 수립되는 생산준비계획이 마무리 된다. 그러면 생산 공정 계획에 따라 외제는 부품업체에서, 내제는 사내 생산기술에서 설비, 치구, 금형, 공구, 게이지 등의 세부사양을 결정하여 발주, 설계, 제작, 설치, 조정이 이루어진다. 양산에 필요한 공정정비가 완료되면 작업자를 배치, 정규상태에 준하여 선행 양산(Pilot Production)을 보통 3~5단계로 나누어 수백 대를 시험생산 한다. 이때 종합품질을 확인하고 설비와 부품의 미비점을 수정 보완하며 작업표준서, 작업요령서, 품질검사 표준서 등의 매뉴얼을 정비한다. 또 필요한 국내외 생산 공장의 작업자들에게 조립교육을 실시하며 해외공장 기술 교육 및 교관 교육을 수행한다. 특히 현대차그룹의 파이럿센터는 파이럿카 제작과 성능검증에 참여하는 기능조율팀 2백여 명과 관련 생산직이 수천 개 부품과 기능의 최적화를 조율하며, 약 1천여 개의 문제점을 솔루션 하는 것으로 유명하다.

선행 양산의 문제점을 수정, 보완하여 양산 1호차가 생산 개시되면 모든 개발과정이 종료된다. 그러나 양산 시점 이후에도 생산과 품질의 조기 안정을 위하여 관련 조직은 비상체제로 운영하여 완전한 품질의 양산체제를 빨리 갖추어야 한다. 아무리 설계, 생산, 품질, 시험이 모두 철저히 이루어 져도 실제 양산 후, 수많은 고객의 다양한 운전조건과 운전습관으로 수많은 문제가 발생한다.

4. 자동차의 성능과 안전

구동력과 저항

자동차는 달리고(Run), 좌우로 돌고(Turn), 달리다 멈추는(Stop) 세 가지 동작을 하는 단순한 운동기계로 볼 때 동력성능, 제동성능, 조종성능의 세 가지로 나누어지며 여기에 이런 모든 운동성능이 탑승자나 차체에 전달되는 승차감을 포함해서 '자동차의 성능이 어떻다'라고 말할 수 있다.

자동차가 움직이고 있을 때에는 언제나 구동력과 그것에 대항하는 힘(주행저항)이 작용하여 속도가 빠르거나 늦거나한다. 엔진에서 나오는 토오크는 변속기 기어와 핀 기어를 통해 타이어에 전해져 자동차를 움직이는 힘, 즉 구동력이 된다. 한편 자동차가 주행 중에 받는 주행저항은 구름저항, 공기저항, 구배저항 및 가속저항의 4종류로 구분된다.

저속에서는 구름저항이 크지만 속도가 올라갈수록 공기저항의 영향을 많이 받는다. 일반 승용차의 경우 시속 60~85km에서 구름저항과 공기저항의 값이 같아지며, 그 후부터는 공기저항의 영향이 속도의 제곱그기로 커진다. 이러한 공기저항은 자동차의 연비향상만이 아니라 주행 안정성, 핸들링의 향상, 주행 중 소음감소, 차내 환기성능, 엔진 및 제동장치의 냉각성능 향상 등에 관계되어 이를 연구하는 것이 공기역학(Aerodynamics)이다.

제동 성능

차량의 속도를 올리려면 큰 엔진출력이 필요한 것은 알고 있지만, 차량을 정지시키는 데에는 보다 큰 힘이 필요한 것을 아는 사람은 드물다. 예를 들어 출력 100ps의 승용차가 100km/h까지 가속하는 데 약 15초가 걸리지만 100km/h에서 급브레이크로 정지할 때까지 3.6초가 걸린다고 한다. 공기저항이나 구름저항을 무시한다면 브레이크로 정지할 때까지 필요한 힘은 출력의 5배, 즉 500ps로 되어 가속에 필요한 힘과 비교할 때 제동 시에 필요한 힘이 매우 큰 것을 알 수 있다.

조종 안정성

조종 안정성이란 운전자가 생각하는 데로 선회한다거나 컨트롤할 수 있는가 어떤가를 나타내는 것으로 좁은 산길에서 자유자재로 코너링하거나, 고속도로에서의 주행 중에 바람이 갑자기 불어도 안심하고 주행할 수 있거나 장애물을 여유 있게 피해갈 수 있는 등의 자동차 자체의 성능과 운전자의 의도대로 움직여지는 것을 말한다.

자동차의 주행은 기본적으로 6가지 운동의 조합으로 이루어진다. 즉 전후운동, 좌우운동, 상하운동, Yawing운동, Rolling운동, Pitching운동으로 나누어지고 선회 시에는 좌우운동, Yawing, Rolling의 3종류가 대표적인 운동이라고 할 것이다. 이와 같은 조종 안정성에 영향을 주는 선회특성과 고속시 안정성 등은 핸들의 무게, 서스펜션 시스템, 스티어링 시스템 등과 밀접한 관련성이 있다.

승차감과 정숙성

넓은 의미로 승차감이라고 하는 경우는 실내의 크기, 시계, 시트의 승차감, 실내의 정숙함, 각 부위의 진동크기를 가리키지만 일반적으로 승차감이란 이 가운데 진동에 관계된 승객의 쾌적함을 의미하는 경우가 많다. 즉 달리는 차 안에 앉아 있는 사람이 차체의 흔들림에 따라 몸으로 느끼게 되는 안락한 느낌을 말한다. 결국 진동은 서스펜션시스템과 휠/타이어에 의해 결정된다.

안전의 개념과 안전장치

자동차 안전의 기본은 안전에 관련된 모든 장치와 부품 즉, 보안부품인 엔진, 동력전달장치, 스티어링, 서스펜션, 브레이크, 휠, 타이어, 안전장비 등과 차체 구조가 요구되는 안전기준에 맞게 설계·개발·생산되어야 한다. 안전은 사고예방을 위한 적극적인 1차 안전과 사고 후 승객의 피해를 최소화하는 2차 안전으로 나누어 구조와 장비를 이해할 필요가 있다.

2차 안전 장비로는 안전벨트와 에어백이 있다. 안전벨트는 가장 기본적이고 값싸며 확실한 효과를 얻을 수 있는 장비다. 1차 충돌 이후 뒤로 밀렸다 신체가 다시 튀어나가 2차 충돌하는 것을 막아주기 때문이다. 에어백은 정식 명칭이 SRS(Supplemental Restraint System)로 안전벨트의 보조 장치라는 뜻이다. 즉 에어백의 안전은 안전벨트가 제대로 작동되어야 가능한 것이다.

예방 안전장비로서 가장 보편화된 것은 급제동시 자동차의 휠이 잠기거나 미끄러지는 것을 막아 중심을 잃지 않고 제동거리를 짧게

하고 각 바퀴의 회전을 같게 유지하는 ABS와 각 바퀴의 부하에 따라 제동력을 다르게 배분하는 전자제어 제동력 배분장치인 EBD, 더 나아가 급코너와 급경사에서 엔진출력을 조절하여 차가 한쪽으로 미끄러지지 않도록 구동력 제어장치인 TCS(ASC, ASR)가 있고 ABS와 TCS를 통합하고 차체 기울기 조절 기능을 더한 복합 전자제어 주행안정 시스템인 ESP 또는 ESC로 메이커의 상표권과 독자성을 위해 여러 이름(VDC, DSC, VSA, VSC)으로 부르며 이제는 소형차까지 장착되고 있다.

차가 정면으로 충돌을 했을 때에는 차체가 적당히 찌그러져 충격에너지를 흡수하는 엔진실과 트렁크 부위의 부드러운 크럼플 존(Crumple Zone)과 어떤 충격에도 원형 그대로 견고하게 유지되어야 하는 서바이벌 셀(Survival Cell)이 있어야 하고 측면의 충격을 막아주는 임팩트 바가 문이 찌그러지거나 정면충돌로 문이 열려 승객이 튀어나가는 것을 막아 주어야 한다. 차체 안전은 기본적으로 차체의 구조와 강도에 달려 있다. 차체의 경량화도 이루면서 안전부위에 고장력 강판이나 아연도 강판을 써 계란처럼 단단한 모노코크 차체로 만드는 설계기술과 제조기술이 메이커의 안전 노하우가 된다.

안전기준과 인증제도 및 평가

차량 안전관련 규정으로 대표적인 것이 미연방의 자동차안전기준(FMVSS)이다. 이 인증제는 제조업자 스스로 FMVSS에 합격여부가 확인되면 언제든지 판매할 수 있는 자기인증 제도를 채택한다. 그러나 판매 후 사고비중이나 고발건수 등의 안전문제로 정부의 사후확인에 불합격하면 해당차종을 모두 리콜(Recall)해야 한다. 이러한 강제 리콜은 차량의 안전도에 대한 이미지 실추로 경쟁력 상실은 물론 소비자로부터 엄청난 제품책임(PL) 소송에 직면하게 되므로 사전에 FMVSS 규정 및 품질에 대한 안전설계나 확인시험을 거쳐야 한다. 이밖에도 소비자에게 제공하는 안전기준을 정한 NCAP(New Car Assesment Program)와 미국 보험회사협회인 IIHS도 미국 내 판매되는 승용차에 대해 차량의 안전과 관련된 모든 통계자료를 대외적으로 발표하고 있다.

매직워드 '환경과 안전'- 절대 타협과 양보 없는 필수

미국 자동차산업에는 매직워드(Magic Word)가 있다. 바로 '환경과 안전'이다. 품질, 고객만족, 성능, 가격과 같은 문제는 기업의 선택이지만 환경과 안전에 관해서는 어느 누구도 피해갈 수 없고, 타협의 여지도 없는 필수인 것이다. 특히 지구 환경문제로 대두된 자동차의 환경문제는 국제적인 협약과 규제로 발전하였고, 배출가스 기준이나 저공해 자동차의 판매의무도 자동차 메이커의 생존을 위협하기에 이르렀다. 이를 위해 연비절감, 차량경량화, 배출가스 저감장치 개발, 리사이클링 개발, 대체 에너지 차 개발, 신소재·신물질 개발 등이 활발히 이루어지고 있다

자동차 연비와 경량화

자동차 연비란 자동차에 쓰이는 단위연료 당 주행거리로 이를 연료소비율(Fuel Economy)로 숫자가 높을수록 기름이 적게 먹는 연비가 좋은 차이다. 연비 단위로 우리나라와 일본은 km /ℓ 로 기름 1ℓ 로 몇 km까지 달릴 수 있는가를 나타내고 미국은 mpg로 기름

1갤런(3.785ℓ)으로 몇 마일을 달릴 수 있는가를 표시하며, 독일, 프랑스, 캐나다, 호주 등은 ℓ/100km로 100km 달리는데 기름의 양으로 나타낸다.

연비의 종류는 크게 수평의 평탄한 직선 포장도로에서 측정구간을 설정하여 이 구간을 일정속도로 주행한 후 측정하는 정속주행연비와 실제의 주행조건과 도로 상태에서 측정하는 실 주행연비, 그리고 시가지나 고속도로의 특정지역 주행패턴을 대표하는 주행모드(Mode)로 시험실의 새시 동력장비로 재현하여 측정하는 모드연비로 나누어진다.

연비 향상을 위해서는 엔진 기술개발로 약 20%, 변속시스템으로 약 8%, 차체 경량화로 약 4%, 공기저항감소 스타일로 2% 등을 할 수 있는 것으로 예상되며 이를 복합적으로 추진하여야 한다. 특히, 정밀한 설계와 제조기술로 각종 기계손실을 줄이는 것도 연비향상의 해결방법이다. 중형승용차 기준으로 에너지 손실이 93%정도가 되고 실제 주행운동에 들어간 에너지는 7%도 안 되기 때문이다. 일반적으로 차량무게가 10% 가벼워지면 연비는 3.2%, 가속성능은 8.5% 향상되고, 이산화탄소 배출은 3.2% 감소된다고 한다. 차체의 무게를 줄이는 방법은 개별부품의 두께감소, 부품의 간소화·통합화, 구조변경을 동반한 소재전환 등이 있으나, 가장 효과적인 것은 소재의 경량화를 통해 가능하다고 볼 때. 가장 중량이 무거운 철강 사용 비중을 줄이고. 대신 알루미늄, 플라스틱, 탄소섬유, 마그네슘 등의 소재 비중을 높이는 신소재 개발이 지름길일 것이다.

공기저항 감소

자동차가 달릴 때 받는 각종 저항을 통틀어 주행저항이라고 한다. 주행저항에는 공기저항, 가속저항, 타이어의 구름저항, 언덕길에서의 구배저항 등이 있는데 그 가운데 공기저항이 가장 크다. 저속에서는 구름저항이 크지만 속도가 올라갈수록 공기저항의 영향을 많이 받는다. 일반승용차의 경우 시속 60~85km에서 구름저항과 공기저항의 값이 같아지며 그 후부터는 공기저항의 영향이 속도의 제곱 크기로 커진다. 이러한 공기의 저항은 자동차의 연비향상만이 아니라 주행안정성, 핸들링의 향상, 주행 중 소음감소, 차내 환기성능, 엔진 및 제동장치의 냉각성능 향상 등에 모두 관계되어 이를 연구 분야로 하는 것이 공기역학(Aerodymics)이다.

자동차 주행에 미치는 공기의 영향 즉 바람은 크게 셋으로 나눌 수 있다. 차체 앞쪽에서 받는 항력(Drag), 옆바람에 의한 횡력(Side Force), 차체를 위로 뜨게 하는 양력(Lift)이 그것이다. 또한 이들 힘의 중심인 공기역학 중심과 차체의 무게 중심 차이로 인해 앞뒤로 출렁거리는 롤링(Rolling), 옆으로 흔들리는 피칭(Pitching), 롤링과 피칭이 복합적으로 작용해 차가 도는 듯 한 요잉(Yawing)이 나타난다.

공기역학적으로 가장 이상적인 차는 주행을 방해하는 6분력이 최소화 된 것이다. 항력, 횡력, 양력을 최소화하면 그에 따른 모멘트도 최소화되기 때문에 자동차 디자인은 6분력 중에서도 3가지 공기저항력을 줄이는데 역점을 둔다. 전면 바람의 저항을 표시하는 항력계수 단위로 cd계수(Drag Coefficient)가 있다. 편의상 사람의 경우를 1.0으로 보고 정사각형 판은 1.1, 계란이나 돌고래 형이 0.043~0.045, 비행기는 0.1~0.19, 승용차는 0.3 전후, 버스는 0.38, 트럭은 0.8 정도이다.

공기 저항계수가 10% 낮아지면 연비는 2% 정도 좋아지고, 주행거리는 5%씩 늘어난다는 게 업계의 정설이다. 일반적으로 공기 저항계수가 0.01Cd씩 낮아지면 40kg씩 가벼워지는 효과가 있다고 본다. 특히 속도가 두 배로 증가하면 공기저항은 제곱으로 커진다.

▲ 소나타의 VR 설계 품질 검증 프로세스로 내외부 공력 테스트를 하고 있다.

Chapter

6

자동차 생산과 마케팅

1. 자동차의 생산 공정
2. 자동차 생산관리
3. 자동차 품질
4. 자동차 리콜과 제품책임
5. 자동차의 상품 특성과 수요 구조
6. 자동차 판매력과 마케팅활동
7. 자동차 정비

1. 자동차의 생산 공정

자동차공장은 거대 공장의 집합체

자동차는 거대한 공장, 현대식 생산설비, 고도의 집중성, 세분화된 분업구조, 대규모의 동질화된 노동력으로 일관조립 생산에 의존하는 전형적인 제조업이다. 따라서 수많은 부품과 재료가 순차적으로 투입되고, 이동 조립으로 대량생산되므로 공정간 고도의 협력과 조화를 필요로 하고, 생산 활동의 원활한 흐름과 유기적 결합이 절대적으로 중요하다. 이런 자동차 생산체계의 특성은 대규모의 공정을 통해 생산하는 반복성에 있다. 대량 반복생산을 위해서 작업공정은 세분화되어 있으며, 공정들의 긴밀한 연계 하에 동일한 동작이나 작업이 짧은 공정 사이클로 이어지면서 생산이 이루어지는 것이다. 따라서 공정의 효율성을 높이고 일의 '틈'을 제거하는 작업의 유연성이 원활한 흐름생산을 유지하는 전제가 된다.

자동차공장은 거대한 공장의 복합체이다. 자동차 생산은 승용차를 기준으로 크게 ▷프레스 (철판 절단 및 압축성형)공장 ▷ 차체 (프레스 철판의 용접, 조립)공장 ▷ 도장 (차체의 방음, 방진, 방청 처리 및 색 도장)공장 ▷ 의장 조립(차체 내·외장 및 새시 조립)공장 등 크게 4 단계 공장으로 이루어진다. 여기에 최종 검사공정이 있고, 의장조립공장을 축으로 엔진 및 변속기를 생산하는 주조공장, 단조공장, 가공·조립공장이 서로 연결되어 있다. 이런 공정을 거치는 시간을 살펴보면 프레스와 차체공정에 약 2시간, 도장 10시간, 의장 6시간 등이 소요되며 최종 검사까지 포함하면 차 한대가 완성되기까지 걸리는 시간은 약 20시간 정도다.

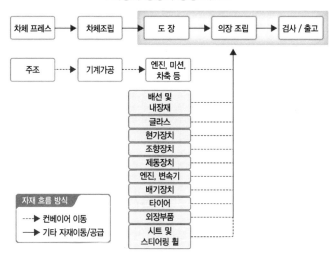

▼자동차 공장의 공정 개요도

차체 프레스 → 차체조립 → 도 장 → 의장 조립 → 검사 / 출고

주조 ┈▶ 기계가공 → 엔진, 미션, 차축 등

배선 및 내장재
글라스
현가장치
조향장치
제동장치
엔진, 변속기
배기장치
타이어
외장부품
시트 및 스티어링 휠

자재 흐름 방식
┈▶ 컨베이어 이동
━▶ 기타 자재이동/공급

엔진 조립 공정

자동차를 구성하는 가장 핵심적인 부품은 엔진과 기어류이다. 엔진공장은 ▷주조 ▷단조 ▷열처리 ▷기계가공 ▷조립공정으로 이어지면서 하나의 흐름 생산체계를 구성하고 있다. 엔진이나 기어 등의 부품은 거의 주물 주조 또는 알루미늄 합금과 비철금속 등 경합금 주조로 만들어진다. 주조된 금속재료를 소성유동하기 쉬운 상태에서 압축력과 충격력을 가하여 조직이 균일화되도록 단련하는 단조공정을 거친다. 이어 열처리 공정을 거치며 기계가공의 절삭성 향상과 표면처리 안정화를 용이하게 한다. 기계가공 공정은 크게 단조, 압출, 인발, 프레스가공 등 일정한 재료에 외부의 힘을 가하는 소성가공과 불필요한 부분을 제거함으로써 필요치의 치수형상 또는 표면성질을 얻는 선삭, 드릴링, 연삭 등의 절삭가공으로 나누어진다. 마지막으로 엔진 조립 공정은 가장 많은 부품(약3천 종)이 조립되어 하나의 부품을 형성하게 되는, 이른바 '자동차의 심장'을 만드는 곳이다.

프레스 가공 공정

프레스공정은 입고된 코일을 세척하여, 블랭킹 프레스에서 금형과 프레스를 이용해 자동차 각부에 들어가는 패널을 성형하기 좋은 최적의 평면 철판 형태로 생산하는 공정이다. 자동차의 프레임, 보디, 브래킷 등의 무게는 자동차 총 중량의 50% 이상을 차지하고 있는 데, 이들이 모두 프레스가공을 거치는 강판을 소재로 하고 있다. 차체를 구성하는 보디강판은 주로 냉연 코일을 쓰고, 높은 강도를 요구하는 프레임이나 브래킷 등은 열간 코일을 쓴다. 이 공정 품목은 후드, 보닛, 도어, 트렁크, 플로어 등은 크기가 크고 물류이동에 어려움이 있어, 완성차메이커가 자체가 일부 생산하는 경우도 있다.

차체 조립공정

차체 조립공정은 차체 각 부분 패널을 용접, 실러, 납땜, 볼트, 헤밍, 마무리작업으로 조립해 차체의 모양을 만들어내는 과정이다. 가장 많은 용접은 접합부분을 용융 또는 반 용융 상태로 만들어 접속하고자 하는 두 개 이상의 물체나 재료를 직접 접합시키거나 용가 재를 첨가하여 접합하는 작업이다. 한 대의 차체를 조립하는데 보통 450여 개의 크고 작은 프레스 가공품이 소요되고 필요한 용접 포인트가 거의 6,000점에 달한다는 사실을 감안할 때, 공장자동화 하면 차체 조립공정을 떠올리게 되는 것이다.

도장 공정

자동차 표면에 도료를 칠하는 도장은, 녹이나 부식으로부터 소재를 보호하고, 아름다운 색채를 나타낸다. 특히 자동차는 세계 각지의 다양한 기후와 환경조건 속에 오랜 기간 사용되기 때문에 도장공정은 높은 수준의 품질과 기술이 요구된다. 자동차 도장은 주로 하도, 중도, 상도 3층으로 구성된다. 고급차는 중도나 상도를 더하는 경우도 있다. 도장공정은 ▷방청을 주목적으로 하는 전 처리 공정, ▷외판은 물론 차체 내부까지 균일하게 도장하여 차체의 부식을 방지하는 하도 전착 공정, ▷보디와 패널이 겹치는 부분 등에 실러를 도포하는 실러 공정, ▷차체 바닥이나 도어 내부에 언더코팅을 하여 주행 시 소음과 진동을 줄이는 언더코팅 공정, ▷상도의 질을 높이기 위한 중간칠 작업인 중도공정, ▷차체 표면의 미관과 색채감의 품질을 결정하는 상도 공정, ▷마무리 공정으로 되어 있다.

차량조립 공정 및 완성차 검사공정

차량의 조립공정은 도장된 차체에 3천여 종에 이르는 내장, 계기판, 시트, 창유리, 전장품 등 실내외 의장·전장부품과 엔진, 트랜스미션, 차축 등의 유닛을 조립 장착하며, 배선·배관작업을 하여 차량으로서 완성하고 품질확인을 하여 상품으로서 마무리하는 최종공정이다. 조립공정 라인은 1교대 8시간 근무, 사이클 타임 1분 내외, 약 200여개의 공정, 400여명의 조립작업자로 이루어진 것이 평균적인 조립라인이다. 또한 완성차 검사라인은 최종적으로 시험과 확인을 거치는 '유종의 미'를 거두기 위한 과정이다. 대표적으로는 휠 얼라인먼트 검사, 헤드램프 조향각도 조정, 엔진룸 검사, 각종 부품 장착 상태확인 및 기능검사와 수정작업을 하게 된다.

2. 자동차 생산관리

생산계획과 BOM 관리

차량의 개발기획에서 생산개시까지의 기간은 보통 2~3년이다. 차량의 개발계획에 따라 부품의 자체 생산 또는 외주조달을 결정하여 생산설비와 금형 등을 제작하고 품질, 코스트, 생산량, 생산시기 등이 목표와 계획에 맞게 이루어지도록 하는 것이 신차 생산준비의 과제이며 생산기획이라고 할 수 있다. 생산기획은 판매수요를 예측하여 연간 단위에서 3개월 단위, 1개월 단위, 1주일 단위, 1일 단위 등으로 구체화되는 과정을 겪으며, 이러한 시간에 따라 재고관리가 연동되고 있다. 또한 2차 하청사도 1차 부품업체의 부가가치통신망(VAN)을 이용하여 완성차 업체의 생산계획에 실시간으로 접속한다. 월간 생산계획과 부품구성표에 따라 자재를 발주하고 판매주문을 감안하여 일일 생산계획에 정해진 차량 투입순서로 차체공정부터 투입된다. 모든 공정별 생산지시는 컴퓨터로 통제된다. 이때 생산에 필요한 정보로서 부품구성표(Bill Of Material)는 제조업체의 기술데이터를 생성, 구성, 유지, 전달하기 위한 EPL(Engineering Part List)과 함께 설계상의 기술정보, 구성부품의 생산자재 원가 등 회사의 기본 정보가 된다.

자동차공장의 생산능력과 생산방식

자동차공장의 생산능력은 '연간 표준작업시간 × 설비 UPH (시간 당 생산량, Unit Per Hour) × 가동률'의 방법으로 산출하고 있다. UPH는 시간당 Job수 또는 Tact Time(대당 소요시간)으로 표현되기도 한다. 예를 들어 연간 4,000시간 가동공장의 경우, 1시간당 60대를 생산하는 승용차공장은 연간 24만대 공장이 된다. 또한 자동차공장의 적정 가동률은 대체로 80% 전후로 보는 것이 일반적이다. 현대차 국내공장의 가동률은 92.8%이고, 북미공장은 72.6%(2020년 기준)이다. 자동차는 조립-부품 부문간, 조립 공정간 100% 시설 일치가 어렵고, 또 장치산업의 요소가 있어 선행수요를 미리 예상하고 시설 확장을 해둔 후 경기변동에 따라 일정 수준의 유효 설비를 보유해야 한다.

자동차산업에서 생산방식은 각 나라마다 메이커마다 다르다. 오늘날 도요타생산방식이 최고의 성과를 낸다고 모두 이 방식을 도입할 수는 없다. 생산방식은 작업조직, 인적자원관리, 부품업체와의 관계, 노사관계 등 여러 요인에 의해 오랜 기간의 관행과 진화의 과정을 거치면서 형성되기 때문이다. '도요타생산방식', '린(Lean) 생산방식' 등으로 부르는 생산시스템은 수십 년에 걸쳐 서서히 구축되어 온 진화의 결과이며, 도요타자동차가 세계 최고수준의 경쟁력을 갖게 되는 원천이 되었다. 이 '린 방식'은 이후 미국과 유럽의 기업이 벤치마킹하여 세계 자동차업계의 일반적인 선진방식으로 자리 잡았다. 이러한 린 생산방식은 그 원형이 되고 있는 도요타생산방식에서 보여주는 끊임없는 개선시스템과 문제 해결 및 조직학습 구조가 먼저 이루어져야 한다.

노동생산성, 직행율, 편성효율

일반적으로 완성차 조립공장의 노동생산성은 자동차 한 대 생산하는데 걸리는 시간 즉 HPV(Hour Per Vehicle)를 쓴다. 프레스 공장을 제외한 차체, 도장, 조립공장의 연간 총 직접과 간접 노동시간(Manhour)을 총 생산대수로 나눈 것으로 생산라인과 관련 있는 생산관리, 생산기획, 공장관리, 자재물류, 보전, 품질 일부를 포함한다. 자동차산업의 생산성을 나타내는 핵심 지표이다.

HPV는 시설노후화 정도, 공장의 모듈화 및 자동화 비율, 생산되는 차량 유형, 인력의 숙련도, 인력배치의 유연성 등 다양한 요인에 의해 영향을 받을 수 있다는 점을 감안해야 한다. 2014년 기준 현대차의 경우 국내 공장은 26.8시간인데 비해 미국공장은 14.7시간에 불과하다. 동일한 자동차 한 대를 만드는데 한국에서 12.1시간이 더 걸리는 것이다. 중국공장, 러시아 공장, 체코공장의 HPV도 각각 17.7시간, 16.2시간, 15.3시간에 그치고 있다. 현대차 1대가 만들어지는 시간이 해외 공장일수록 짧고, 국내 공장은 길다.

차 한 대 만드는데 대략 20시간이 걸린다. 이 시간의 대부분은 컨베이어 벨트를 타는 시간이다. 차체부터 의장 조립을 거쳐 검사까지 모두 하나의 벨트로 연결되어 있다. 한편 직행 율이란 컨베이어 벨트위에서 어떤 부품이나 조립도 공장 내 전 공정에서 불량이 발생하지 않아 수리, 재작업, 폐기 없이 모든 개별 공정을 직행하고, 설비 고장, 부품 품절, 모델변경 등에 의한 대기 없이 최종 공정까지 이상적으로 흘러갈 확률로 도요타자동차가 98% 수준이고 국내 자동차메이커는 88%수준이다.

한편 생산성과 관련된 편성효율이 있다. 편성효율이란 실제 생산에 투입한 인원 중에서 이론적으로 생산에 필요한 인원대비 차지하는 비중을 나타낸다. 즉 작업 표준시간 1분으로 합의된 단위노동을 30초안에 해치우고 나머지는 쉰다면 편성효율은 50%라는 것이다. 이때 표준시간을 45초로 단축하면 조립작업은 바빠지고 쉴 틈이 줄어든다. 즉 노동 강도가 세게 된다. 따라서 편성효율이 높을수록 불필요한 생산인원 없이 효율적으로 인력배치가 이루어져있음을 의미한다. 대부분 85% 수준이 적절하다고 본다.

▎납기관리와 공급방식

적기 생산방식은 필요한 물건을, 필요한 양만큼, 필요한 때에 생산하는 것을 목적으로 한다. 이는 '무재고'를 목표로 부품 투입 및 재고관리, 부품업체의 직 서열 확대와 인접(클러스터 전략)까지 포함하고 있다. 따라서 소재, 비용, 시간, 인원 등을 합리적으로 관리해야 하는 것이다. 납기관리의 영역은 더 나아가 고객주문 진행, 분배관리, 수주관리, 수·배송관리, 고객지원까지 포함한다. 납기는 생산계획을 기초로 한다. 생산계획은 연간 단위에서 3개월 단위, 1개월 단위, 1주일 단위, 1일 단위 등으로 구체화되는 과정을 겪으며, 시간에 따라 재고관리가 연동되고 있다. 또한 2차 하청사도 1차 부품업체의 VAN을 이용하여 완성차업체의 생산계획에 실시간으로 접속한다.

현대차와 현대모비스 간 직서열 공급(Just in Sequence) 방식은 일본 도요타의 JIT방식보다 낫다는 평가를 받고 있다. JIT는 완성차 업체가 정해준 딱 그 시간에 모듈을 공급하는 방식이므로, 모듈업체는 시간을 맞추기 위해 일정량의 재고를 보유해야 한다. 하지만 JIS방식은 완성차 공장에서 제작에 들어가면 현대모비스 같은 모듈 업체도 자동적으로 해당 차종에 맞는 모듈을 생산, 재고부담을 거의 제로수준으로 유지할 수 있다.

현대차그룹의 'JIS'방식 생산시스템은 부품, 물류, 조립 등의 전 분야를 묶어내는 유연생산체제를 확보하고, 2시간 단위의 납입체제를 구축하였다. 이러한 '2시간 단위 부품 공급체제'가 가능하기 위해서는 부품단지나 물류기지가 완성차로부터 2시간 내에 위치되어 있어야 한다. 이러한 공급체제인 시퀀스시스템을 위해 현대차그룹의 물류전문기업 현대차 계열사 글로비스가 각 업체로부터 부품물량을 받아 차질이 없게 범퍼역할을 하며 또 이 시스템에 맞추어 공급하고도 있다. 이를 위해 주문 접수(판매)에서부터 생산까지의 과정을 연결하는 현대-기아 공동전산망, 전사적 자원관리(ERP), 네트워크교환망(KNX) 등의 연계시스템을 구축하여 구매 조달 비용을 절감한다. 또한 플랫폼 통합 및 생산대수의 확대, 자동화, 모듈화 등을 추진하면서 작업 공정 당 필요인원을 최소화하는 소인화와 개발비용 절감 등을 도모하고 있다. 동시에 생산의 평준화, 작업의 표준화, 혼류생산, UPH 조정, 전환배치 등이 함께 이루어지고 있다.

3. 자동차 품질

▌품질개념

품질은 고객의 관점이나 개발과정에서 여러 가지 개념이 있다. △시장품질은 고객이 원하는 품질을 말한다. 스타일이 산뜻한 것, 승차감이 좋은 것, 내장이 화려한 것, 값이 싼 것, 안전한 것 등 시장에서 고객이 요구하는 것을 조사하여 정해지는 품질이다. △설계품질은 고객의 요구를 정확히 반영하여 설계단계에서 이를 완벽하게 구현하는 것이다. △조립품질은 완성품질이라고도 한다. 설계품질대로 각각의 부품을 정확하게 제조·조립되었지만 전체적인 조화와 균형이 안 맞아 생기는 문제도 있다. △부품품질은 개발품질이라고도 한다. 수천 여 부품을 공급하는 협력업체의 기술이나 품질관리 수준이 완성차의 품질로 직결된다. △내구품질은 계속적으로 반복하여 수년간 사용하므로 초기품질도 중요하지만 장기적으로 품질을 안정적으로 유지하는 내구성이 더욱 중요하다.

품질에는 아주 기본적인 3가지 원칙이 있다. 이것은 기업이 품질을 확보하기 위해서는 반드시 준수해야 할 원칙으로 초기에 품질을 잡아야 한다는 것을 강조하는 것이다. △제품이든 서비스이든 고객의 불만 소지가 있는 불량품은 처음부터 만들지 않는다. △만에 하나 첫 번째 원칙을 준수하지 못해 불량품이 나오는 경우가 있다면 이것은 절대로 고객에게 전달하지 않는다. △두 번째 원칙마저도 무너져 불량품이 고객에게 전달되는 경우가 발생한다면 신속하게 조치해야 한다. 자동차품질도 개발단계에서 잡아야 한다. 개발초기에 품질을 잡으려면 비용이 1 들어가지만 양산 중에 고치면 10으로 늘어나고, 판매 이후 잡으려면 100으로 늘어난다고 한다. 바로 초기 단계에서 품질을 잡아야 한다는 것이 중요하다.

█품질평가

제3자에 의한 자동차의 품질평가는 1970년부터 미국의 소비자단체인 '컨슈머리포트'와 1986년부터 미국 시장조사회사 'JD파워'에서 독립된 평가를 하여 잡지나 인터넷에 결과를 공표하기 시작했다. 컨슈머리포트의 경우 그 평가 결과는 바로 20~30% 판매가 증대되는 영향력을 가져 '컨슈머리포트 효과'라는 말도 생겼다. JD파워의 대표적인 평가지수는 다섯 가지로 품질로는 IQS, VDI, APEAL, 딜러에 대한 판매 만족도로 SSI, 수리의 고객 만족도로 CSI 등이 있다. 이 중 IQS는 소비자가 차량을 구입하고 90일 경과 후 불량이나 불편함 등의 품질 문제를 얼마나 경험했는가를 9영역 135항목으로 조사해서, 차량 100대당 문제 발생 건수로 나타낸 지표이다. 즉 '초기품질'의 수준을 나타낸다. VDI는 차량을 구입한 후 4~5년간에 불량이나 불편함 등의 품질문제를 얼마나 경험했는가를 IQS와 같은 방식으로 조사하여 차량 100대당 문제발생 건수의 지표로 '내구품질'을 말한다. 특히 성능저하, 녹, 부식, 마모, 느슨해짐, 덜컹거림, 변색 등을 알 수 있다. VDI는 중고차의 잔존가치, 즉 신차 구입 시 중고차에 대한 보상가격을 유추하는 지표가 되기도 한다.

▋품질관리와 품질보증

품질관리란 고객이 요구하는 제품을 값싸게 제때에 공급하기 위하여 품질의식을 바탕으로 경영전반에 걸쳐 계획을 세워 실시하고 확인한 후 필요한 조치를 취하는 제반활동을 말하며 항상 다음과 같은 기본이념이 있어야 한다. △기업 경영활동의 궁극적 목표를 고객 제일주의에 두고 고객의 입장에서 항상 문제를 보고 고객만족이 기업발전의 원천이라는 철학이 있어야 한다. △품질관리 활동에는 기업의 전원이 공동의 목표를 갖고 같은 방향으로 서로 힘을 모아 강력히 추진해야 한다. △품질을 관리하려면 자주검사와 자주보증의 품질과 관리의식이 모든 구성원에게 뿌리내려야 한다. △품질요소의 혁신이 끊임없이 이루어져야 한다.

우리나라는 대부분 기업이 100PPM(품질불량률 100만개 당 100개) 품질목표를 두고 있다. 그러나 세계 선진기업은 '6시그마 경영'을 품질목표로서 두고 있어 '신의 작품'이 아닌 이상 도전하기 힘든 품질수준을 향해 가고 있다. 특히 자동차는 2만개 이상의 부품으로 조립되어 그 가운데 어느 한 부품만 불량이어도 완성품 자체가 불량 판정을 받을 수 있기 때문에 품질관리가 무엇보다 중요하다.

품질보증(Quality Assurance)이란 소비자가 안심하고 만족하게 구입하고 사용한 결과 만족감을 갖고 오래 사용할 수 있도록 품질을 보증한다는 의미이다. 그 내용은 제품의 기획에서 설계·생산·출고 이후 사용단계에 이르기까지 모든 단계에 걸친 품질확보의 활동이지만, 주로 양산 후 품질활동으로 필드 품질문제 개선 및 보증활동, 고객 불만 품질현황을 개선하고 향후 재발하지 않도록 하는 것이 가장 중요하다.

▼ 품질보증의 주요 업무내용

순위	기 능	업 무 내 용
1	품질방침의 설정과 전개	최고 경영자의 품질경영 · 철학 정립
2	품질보증 방침 설정	무상 보증수리 기간/거리 등
3	품질보증 시스템의 운영	전 과정의 부문별, 업무별, 기능별 체계
4	설계품질 확보	설계(Design Review), 품질기능 전개
5	품질문제의 등록 해석	(예) Worst 10품목 집중관리
6	제조품질	공정/작업표준, 자주보증체계, 검사기준
7	품질조사와 클레임처리	시장 품질조사와 클레임처리, 리콜
8	품질표시/설명서 관리	제품책임(PL)과 관련한 사항
9	애프터서비스	판매된 제품의 점검·수리 등 A/S체계
10	품질감사와 시스템감사	제품의 완성도 평가, QC 전반 감사
11	품질 정보	모든 품질 정보의 수집 분석 활용

품질비용

기업이 품질을 확보하기 위해서 지불해야 하는 일체의 경비를 '품질비용'으로 예방비용, 평가(검사)비용, 실패비용으로 나눌 수 있다. 품질비용은 일반적으로 기업 매출액의 15~25% 정도로서, 통상적인 기업이윤의 3~5배가 된다. 따라서 기업이 이익을 낼 수 있는 지름길은 품질혁신을 통해 품질비용을 줄이는 것이다. △예방비용은 교육, 계획, 설계 및 분석 등에 드는 비용 △평가비용은 검사와 관련된 신제품/공정/수입/최종검사, 실험설비, 품질감사, 평가 등의 비용 △실패비용은 품질불량에 의해 발생되는 것으로 제품이 고객에게 배달하기 전에 문제를 발견, 수정에 관한 재검사, 재시험, 폐기, 재생산, 라인정지시간 비용과 더불어 제품이 고객에게 배달된 후 품질보증, 교환비용, 환불, 고객 불만 처리비용, 고객이탈로 인한 수입 상실, 기회손실 등의 비용이다.

자동차 품질인증

자동차 관련기업들이 일반적으로 취득하는 품질관련 공인인증은 ISO 9000 시리즈, QS 9000, ISO/TS 16949, ISO 14000, ISO 26262 등이 있다. ISO 9000 시리즈는 가장 널리 사용되는 품질경영시스템으로 국제표준화기구에서 규정한 국제규격이다. 미 BIG 3사는 전 산업분야에 공통적으로 적용되는 ISO 9000보다 더욱 특화된 경영시스템의 필요성이 대두됨에 따라 QS 9000이라는 자동차산업의 품질보증시스템을 채택하였다. ISO/TS 16949는 ISO와 IATF가 공동으로 개발한 자동차산업분야의 품질보증체제 규격으로서, 유럽과 미국을 통합하는 글로벌규격이다. 전장부품 인증으로 ISO 26262는 전장부품의 '품질확보'에 주안점을 두고 있다. 기계부품과 달리 전장부품은 '급발진 추정 사고 같은 오류 가능성'의 공포를 자동차 업체들에 심어주고 있다.

현대차그룹의 품질경영

현대기아차의 품질경영은 지난 1999년 정몽구 회장이 취임한 이후 줄곧 추진해온 제1의 경영 목표이다. 현대기아차는 1999년 파격적인 '10년 10만마일 워런티'를 앞세워 미국 시장 개척에 효과를 봤다. 타사에 비해 4배가 넘는 보증조건은 소비자의 호응을 얻기에 충분했다. 이어 현대기아차는 2002년부터 부품협력업체의 품질향상에 대한 의식을 제고하고, 품질우수업체에 대한 공신력 있는 평가를 위해, '품질5스타' 제도를 실시해오고 있다. 이어 2009년 신설한 '그랜드 품질5스타'는 품질, 기술, 납품의 세 부문 12개 분야에서 만점을 받아야 된다. 주요 평가요소로는 △품질 : 품질경영체제,

입고불량률, 클레임비용 변제율, 품질경영 실적, △기술 : 인력수준과 기술개발투자. 기술개발 수행능력. 신기술 개발역량. 특허 등 기술성과 △납품 : 생산라인 정지시간. 납품사고 변제비율. AS 납품율. CKD 납품 등이다.

한편 SQ(Suppliers Quality)인증은 현대기아차의 2차 협력업체에 대한 인증 평가제도이다. 자동차라는 조립 산업의 품질은 부품에서 결정되어지게 되는데, 품질불량의 60%는 2차 이하 협력사에서 발생되는 내적요인이 배경이 되어 만들었다. 1차 협력업체가 인증 받아야 하는 5스타제도와 같은 개념이다. SQ 인증제도는 1차 협력사는 2차 이하 협력사에 대한 품질수준, 공장수준 등을 자체적으로 평가 및 지도 후 일정점수 이상이 되었다고 판단될 경우 현대차그룹에 심사 신청을 하고 실사를 받는다. 현재 약 1700여사가 인증을 획득한 상태이다.

4. 자동차 리콜과 제품책임

▌제조결함 시정 제도 - 리콜

리콜(Recall)이란 소비자의 생명·신체 및 재산상의 위해를 끼치거나 끼칠 우려가 있는 결함제품에 대하여 제조·수입 또는 의무적으로 당해 제품의 위험성을 소비자에게 알리고, 수리·교환·환불·파기 등 적절한 시정조치를 해주는 제도를 말한다. 이는 결함 있는 위해제품으로부터 소비자의 안전을 사전예방하기 위한 제도이다. 따라서 개별 제품의 품질하자로 인한 피해에 대하여 사업자의 무과실 책임을 인정하는 제조물책임제와는 사후 구제제도라는 측면에서 차이가 있다. 이 리콜에는 제조업자가 자발적으로 실시하는 임의 리콜과 자동차관리법과 대기환경보전법에 의해 정부가 시정명령을 내려 실시하는 강제 리콜이 있다. 리콜은 기업에 막대한 경제적 부담을 주지만 반면, 리콜을 차량의 지명도를 올리는 마케팅전략으로 이용하거나, 수리 시 대체차량 제공에 세차와 연료 주입까지 하여 고객친밀도를 높이는 기회로 활용하기도 한다.

▌도요타 가속페달 리콜과 폭스바겐 배출가스 조작 사태(디젤게이트)

도요타자동차 리콜은 2009년 11월 '가속페달이 매트에 끼는 문제'로 인해 4명이 사망하자, 이를 계기로 8개 차종 426만대의 리콜을 발표를 시작으로 2010년 1천만대 이상의 차량에 대해 리콜을 실시하였다. 특히 리콜 원인에 대한 경영진의 부적절한 처신 및 무책임한 늑장대응으로 인하여 도요타에 대한 국내외 비난여론이 상당히 높아졌고, 도요타가 리콜로 인해 지불한 수리비용은 총 50억 달러에 이르렀으며, 이와 별도로 도요타는 급발진 문제와 관련해 허위정보를 제공한 사실을 인정하고, 자동차업계 사상 최대인 벌금 12억 달러를 연방 법무부에 내기로 합의했다. 세계를 떠들썩하게 했던 2009~2011년 도요타 리콜은 플로어 매트가 밀려들어가 가속 페달을 놓아도 차는 계속 가속했고, 브레이크도 제대로 작동하지 못했다는 것이다. 리콜 방법은 운전석 플로어 매트가 앞으로 밀려들어가지 않도록 고정하는 고리를 달아주는 것이었다. 이런 플로어 매트 고정 고리는 이미 수많은 자동차 제작사들이 사용하고 있었던 것인데, 조그마한 비용을 아끼려고 미연에 방지할 수 있었던 일을 도요타는 간과했던 것이다.

2015년 9월 미국 환경보호청에서 적발한 폭스바겐 디젤 차량 배출가스 '눈속임' 소프트웨어 리콜은 그 대상차량이 1천1백만대나 된다. 문제차량을 모두 수리하는 데 폭스바겐은 미국에서 환경보호청(EPA)과 200억 달러(한화 약 22조원)에 합의하였고, 또한 벌금과 소송비용에 주가하락까지 합쳐 최대 80조원의 손실이 발생하였다. 이 조작 사태는 개발 엔지니어와 자동차가 안전기준을 충족하는지를 검사하는 내부 전문가들의 부도덕한 거짓 때문에 생긴 것이다. 결국 배기가스 저감에 디젤도 적합하지 못하다는 여론과 함께, 해결책으로 전기차가 급속하게 떠오르는 계기가 만들어 졌다.

2020년 우리나라는 리콜대수가 4년 연속 연간 200만대를 넘어서고 있다. 이젠 품질문제를 넘어 기업의 최대 리스크로 떠올랐다. 최근 현대자동차와 LG에너지솔루션이 잇따라 화재 사고를 불러일으킨 '코나 EV' 전기차 8만대의 글로벌 리콜 비용은 약 1조원에 달한다. 쟁점이 됐던 분담 비율은 현대차가 리콜 비용의 30%만 부담하고, 나머지는 LG에너지솔루션이 부담키로 하였다.

▌제조물 책임법 - PL법

제조물 책임(PL, Product Liability)이란 자동차, 가전, 식품, 의약품 등 주로 공업제품의 결함에 의해 손해가 발생했을 경우 해당제품의 생산기업에 배상 책임을 지우는 것을 말한다. 리콜이 소비자의 안전 예방을 한 사전적 조치라면 PL은 사고에 의한 소비자의 사후 피해 구제인 것이다. 자동차 제조업자는 물론 부품 및 제품의 유통, 판매 및 수입상 등의 책임이 광범위하게 포함된다. 제조물책임법의 쟁점 은 손해와 결함사이의 인과관계에 대한 입증책임과 손해배상책임 제조자의 면책범위 등이 있지만, 이 법의 시행으로 소송건수의 급격 한 증가로 사고원인 조사와 규명기관이 절대적으로 부족한 우리나 라 실정에선 많은 문제점을 안게 될 것으로 보인다. 자동차업계는 PL에 대응하기 위하여 제품의 안전과 품질을 보증하는 사내체제를 완비해야하고 설계 및 제조 시 결함을 철저히 막아야 한다. 특히 소비자의 사소한 클레임제기에 대해서도 신속한 처리를 하는 등 전사적인 PL대응체제를 구축해야 한다.

5. 자동차의 상품 특성과 수요 구조

▌자동차의 본질적인 상품 7대 요건

자동차는 본질적으로 다음의 상품 7대 요건을 충족시켜야 그 존재 의의를 가지고 시장과 소비자 속에서 지속적으로 이용되고 발전되어 갈 것이다. △운송기계로서 기능과 주행성능을 갖추어야 한다. △안전과 환경의 조화로 사회성을 충족시켜야 한다. △스타일링과 디자인이 아름다우며 타는 이의 개성과 신분을 나타내야 한다. △편리성과 쾌적성이다. 다양한 편의장치와 즐길 거리가 있어야 한다. △품질신뢰성이다. 제품으로서 품질균일성과 내구성이 있어야 한다. △가격이다. 내구소비재로서의 가격대에 가격경쟁력도 있어야 한다. △고객지향성이다. 수많은 차종가운데 선택되고 고객욕구를 충족시켜야한다.

▌내구성 고가 소비재와 산업재로 경기반응성이 높은 상품

승용차의 평균 수명은 보통 10년으로 긴 내구성을 가진다. 따라서 소비자가 대체 구매시점을 결정하는 기간도 길다. 또한 사용목적이 개인생활의 질을 향상시키는 소비재 성격이 강하다. 반면 상용차는 산업재로서 경기변동이나 산업수요에 밀접한 관계를 갖는다. 자동차 수요는 수출차종, 내수차종, 고급차, 소형차 등에 따라 매우 변동성이 크다. 또한 자동차는 개인에 있어 주택을 제외하고는 가장 고가품으로 불황으로 수입이 감소하거나, 향후 전망이 불투명하면 신차구입을 미루거나 중고차로 교체한다. 즉 자동차의 수요는 경기변동에 민감한 반응을 나타낸다. 이는 승용차의 보급률이 높은 성숙시장의 경우, 대부분의 수요가 대체수요에 의존할 때 더욱 그러하다. 즉 경기호황 시는 구매자의 가처분소득이 증가하면서 사치성 소비재의 구매욕구가 증가하여 승용차의 대체시기를 앞당기거나 신규수요나 가수요가 늘어난다. 그러나 불경기에는 실질적 소득이 감소나 소득상황의 예측 곤란, 경기에 대한 불확실성과 심리적 압박감 등이 작용하여 대체구매를 당분간 유예하거나 구매욕구의 상실로 구매를 포기하게 된다.

▌고 관여 선택성과 브랜드성이 강한 상품

자동차의 선택은 용도와 차종마다 다르나 다른 상품에 비해 상대적으로 가격이 높아 구매 시 기술적 특성과 제품의 가격, 판매조건 등에 관한 상세한 정보를 얻고자 한다. 또한 인간의 생명과 직결되어 있어, 대부분 신중하게 고려하고 계획하는 고 관여(High Involvement)의 특성을 갖는다. 또한 승용차는 제품의 인식과 특성을 나타내는 브랜드가 마케팅전략의 가장 중요한 요소가 된다. 즉 자동차 브랜드는 제품특성, 품질, 디자인, 이미지, 시장에서의 이점, 더 나아가 소유자의 신분까지 차별화하는 특성을 갖게 된다. 브랜드는 기업의 이미지나 속성이 전제되어 있거나, 동시에 내재되어 있다. 따라서 기업이미지는 바로 브랜드 이미지로 연결되며, 기업의 동질화 또는 브랜드 정체성 프로그램이 제품설계부터 광고 선전에 이르기까지 일관되게 고객에게 전달되어야 하며, 이런 프로그램에 의해 같은 회사또는 같은 디비전으로 제품이 인식되도록 패밀리 룩 스타일링이 일반적이다. 또한 캠페인 운영, 공간 기획, 브랜드 상품, 브랜드 가이드라인 구축 등의 활동과 현대차그룹과 같이 FIFA 월드컵, 호주 오픈, WRC 등의 스포츠 스폰서십을 활용한 커뮤니케이션 활동도 있다.

지속적인 정비의 필요성

자동차는 장기간 사용되는 기계제품으로 사용기간이 지남에 따라 마모과정을 겪게 되며 정기적인 보수유지가 필요하고 경우에 따라서는 고장이나 충돌과 같은 사고에 의해 파손된 부분의 교환이나 수리가 필요하게 된다. 따라서 주행성능의 유지를 위한 애프터서비스나 제품보증이 필요하며 보수용 부품의 원활한 공급이 상당기간 이루어져야 한다. 특히 자동차는 생명과 재산에 막대한 영향을 미치는 안전성을 요구하므로 업체는 제품사용으로 인한 손해에 대한 배상책임(PL)을 질 수도 있게 되어 품질보증과 함께 정비보증이나 리콜까지도 철저히 해야 한다.

라이프스타일 중시와 자동차의 선택 기준

자동차는 기본적으로 독립적인 제품으로서 고객을 만족시켜야 팔리는 재화이다. 따라서 고객은 자신의 기호와 라이프스타일에 맞는 모델을 고르는 경향이 있다. 따라서 다른 많은 사람들이 고르니까 그 제품이 나에게도 매력적이라는 네트워크 재화가 아니다. 또한 기업은 마케팅전략에서 우위를 차지하고자 차종과 용도를 다양하게 개발하면서 수요층도 더욱 세분화되고 있다.

자동차의 선택은 타는 사람의 인생관이 반영된 것이다. 이 '자동차는 나와 비슷할까?', '차에 타고 있는 나 자신을 다른 사람들이 어떻게 볼까', '나의 생활에 가장 어울린 나의 생활을 담은 차'가 바로 많은 사람의 자동차 선택 기준이 될 것이다.

▼ 자동차의 구매 선택순서와 포인트

- 신차 (신차출시 경과 년), 중고차
- 용도 (승용, SUV, MPV 등), 차급, 배기량, 디젤/가솔린 친환경차 (전기차, 하이브리드 차)
- 수입차, 국산차, 메이커, 브랜드, 모델
- 디자인 (외관 스타일, 칼라, 사양 등)
- 실내 공간 (탑승인원, 인테리어, 트렁크, 편의장비 등)
- 안전성 (안전장비/ADAS, 차체 강성, 구조)
- 가격 (차량가격, 판매조건, 옵션가)
- 유지비 (연료비, 보험료, 세금, 정비비 등)
- A/S (보증프로그램, 서비스 만족도, 부품가격 등)
- 성능 (주행성능, 가속력, 소음, 승차감 등)
- 품질 (종합품질, 조립품질, 부품품질, 감성품질 등)
- 중고차 가격 (감가 율, 가격보상 프로그램 등)

자동차의 수요 구조

자동차의 수요는 구입이라는 형태를 통해 나타난다. 구입활동은 먼저 개인과 법인의 구매력 즉, 가처분소득으로 자산이 일정수준을 넘을 때 생겨나며, 여기에 성능이나 품질 등의 높은 상품력을 가지고, 경제성과 효율성을 만족시킬 때 구입을 촉진하는 요인이 된다. 또한 자동차는 인간의 달리고 싶은 욕망 즉 'Mobility'의 꿈을 실현시키기 위한 심리적 요인도 구매를 촉진시키며, 또한 자동차를 소유 사용함으로써 누리는 기대가치로서 신분상징의 욕구 충족과 신속성, 편리성, 시간 절약 등의 기대효과가 자동차 수요의 자극요인이 되고 있다. 한편 제약적 요인으로서는 자동차 가격의 상승과 세금, 유류가격, 보험료 등의 비용 부담이 구매력을 저하시키는 요인이 되며 또한 교통체증으로 인한 심리적 압박요인도 구매의욕을 감퇴시킨다. 여기에 자동차 공유제가 확대되며, 소유보다 이용에 그 편익을 두는 경우도 수요 감퇴의 요인으로 등장하였다.

자동차가 신차로서 등록이 되면 평균 3~4년 정도 보유 후에 중고차로 팔린다. 통상 1대가 중고차시장에서 1회 이상 회전하고 있어 성숙시장의 경우에는 중고차 시장규모가 신차 규모보다도 크다. 자동차의 총 수요는 신규 수요+대체 수요+추가 수요(증차),이며, 신차 수요=(신규수요+대체수요+추가수요)-중고차 수요로 이루어진다.

6. 자동차 판매력과 마케팅활동

상품력과 판매력이 시장점유율 결정 요소

자동차의 판매력은 각 사의 점유율로 나타나는 것이 가장 일반적이다. 판매(시장)점유율은 △보급대수, △기업/브랜드 이미지, △상품력, △판매력으로 결정되어진다. 이 가운데 보급대수와 기업/브랜드 이미지는 과거부터 쌓아올려진 경쟁력이며 상품력과 판매력은 현재의 경쟁력이라고 할 수 있다. 기업/브랜드 이미지는 상품력과 시장의 노출도인 보유대수에 따라 큰 영향을 받으며 또 상품력과 판매력에 영향을 미친다. 특히 브랜드의 명성이 기업 이미지에 중요한 역할을 한다. 보급대수는 판매체제 구축의 지표로서 신차의 판매대수 확장에 기여한다. 판매력은 영업망, 영업인력, 영업생산성 등을 말하는데 판매력이 강하면 고객과 시장의 정보를 많이 확보할 수 있으므로 상품력에 영향을 주고, 상품력은 구매 욕구를 일으키므로 판매력에 영향을 미친다. 따라서 판매점유율을 확대를 위해서는 단기적으로 상품력을 증강시키고, 중기적으로 판매력을 증강시키며, 장기적으로는 보유대수를 신장시켜 기업이미지를 향상시켜야 한다. 일본 업체의 조사에 의하면 경쟁력 요소는 상품력이 65%이고, 판매력이 35%로 상품이 우수하면 경쟁력에서 앞서 시장점유율 확대가 유리하다고 한다.

고가내구 소비재 /산업 자본재	□ 제품보증, 리콜, PL정책 □ 서비스/부품공급 정책 □ 중고차 시장개입, 신중고차 교환 □ 할부금융 서비스 정책
시장수요 상품	□ 시장조사, 수요예측, 기술수요조사 □ 가격전략, 차별화전략, 판촉전략 □ 브랜드전략 – 광고, PR, BIP
국제 상품	□ 국제시장 적합 차종개발 □ 국제 마케팅전략(가격,유통채널,촉진전략)
고객 지향성	□ 고객 로열티, 마케팅 –고객밀착관리 □ 수요다양화 상급화 대응 – Full Line 전략

자동차판매 프로세스

자동차의 대중 보급시기에는 방문판매로 신규수요의 고객창출이 유리하지만, 성숙기가 되어 시장이 포화상태가 되면 세일즈맨의 고객관리 강화에 따른 단골 고객화로 방문판매 효율이 떨어진다. 따라서 점포판매 중심으로 전환하거나 비중을 높이지 못하면 판매 생산성(세일즈맨 당, 쇼룸 당 판매대수)을 향상시킬 수 없다. 따라서 앞으로 는 쇼룸 판매중심으로 판매방식을 바꾸어가고, 데이터베이스 마케 팅과 인터넷 마케팅이 활성화되어야 판매효율을 증대시킬 수 있다.

방문판매와 같은 오프라인 판매에서 벗어나려는 판매방식의 변화는 온라인 구매가 대세로 자리 잡으면서 자동차 온라인 판매도 도입되기 시작하였다. 테슬라는 100% 온라인 시스템을 구축했고, 도요타도 온라인 숍 사이트를 만들어 판매를 개시했다. 우리나라는 현대차 경형 SUV '캐스퍼'가 온라인으로만 판매를 시작했다. 현대 차는 온라인 결제만 안 될 뿐 모든 시스템은 되어 있으나 노조의 반발로 못하고 있다. 전면도입은 시간문제가 될 것이다.

자동차 판매에 있어 고객을 접촉하는 방법은 방문활동과 쇼룸 유인하는 활동이 있다. 신차발표회나 이벤트와 같이 다수의 고객을 접촉하는 것은 대단히 중요하지만 적극적인 계약으로 연결시키려면 세일즈맨에 의한 개별 방문활동이 가장 중요시되고 있다. 자동차 대중화가 고도화된 미국이나 일본에서 우수한 세일즈맨은 고객개척의 기본을 방문활동에 두고 있다. 역시 판매의 기본은 어디까지나 '될 수 있는 한 많은 사람과 만나는 것'이라고 할 수 있다.

▼ 판매 프로세스와 업무내용

고객개발	• 지역개척방문, 정보개척방문, 인맥개척방문 • DM(Direct Mailing)•Mobile & Internet • 전단(Leaflet) •쇼룸 유인(이벤트, POP)
고객상담	• 방문상담, 쇼룸 상담, 전화상담, 인터넷 상담
계약체결	• 매매계약서 작성, 계약금 수령, 판매조건 확정
판매품의	• 판매품의서 작성 결재, 판매조건 확인(선수율, 손실율) • 계약서 입금 •계약 Happy Call
출고준비	• 인도금 입금 • 채권서류 징구, 확인(할부금융) • 등록비, 할부금, 기타비용 안내 출고증 발급
출고	• 배달탁송 •본인출고
등록	• 채권서류 확인 후 자동차 제작증 발급 •고객 또는 대행등록 • 자동차번호(판)부여 · 부착, 취득세 납부
AFTER FOLLOW	• 정기적 방문 차량상태 확인(Happy Call) • 지속적 A/S (정기점검, 검사, 무상보증 안내) • 고객정보수집, 차량 정보제공 등

자동차 유통구조

자동차 유통구조란 온라인판매와 오프라인 판매 그리고 신차판매와 중고차판매 및 A/S 구조 등이 유기적으로 연결된 유통시스템 구조와 보조적인 '자동차 할부판매금융' 등을 말한다. 온라인 판매는 기존의 전통적인 영업소 판매방식이 아닌 온라인 구매 플랫폼에 의한 인터넷 거래방식으로 오프라인 판매보다 저렴하게 자동차를 구입할 수 있다. 이는 인터넷 구매가 폭발적으로 증가하는 중국 메이커와 테슬라 등이 앞장 서 영업혁명을 예고하고 있다. 테슬라는 100% 온라인 시스템을 구축했고, 도요타도 온라인 숍 사이트를 만들어 판매를 시작했다. 우리나라는 현대차 경형 SUV '캐스퍼'가 온라인으로만 판매를 한다. 현대차는 온라인 판매의 모든 시스템은 결제를 제외하고는 되어 있으나 노조의 반발로 못하고 있다. 이미 글로벌메이커가 시행하기 시작하였고, 국내의 수입차 판매의 선두인 벤츠가 중고차 판매까지 도입하였다.

유통구조에는 메이커가 직접 판매하는 방식과 딜러 판매방식으로 크게 구분되어진다. 딜러는 독립된 체제를 유지하면서 선진국에서는 중고차판매와 A/S 기능을 복합적으로 수행하며 신차에 대해 대리점과는 달리 소유권을 갖는 특징을 가지고 있다. 따라서 딜러제는 판매기능을 전문화 할 수 있어 완성차 메이커는 판매관리부문의 직접비용을 절감하고 신제품의 개발과 생산에만 전념할 수 있다. 반면에 딜러는 신차 판매 시 다양한 옵션판매, 소비자와 지역에 밀착한 서비스제공, 신차판매와 중고차판매의 연계와 높은 이윤추구의 동기로 매출증대를 꾀할 수 있다. 다만 딜러 제는 할부금융회사로부터 자금융통이 전제되어야 한다. 우리나라의 유통체제는 직영점과 대리점이 혼재하는 형태로 되어있다. 직영점과 딜러점의 영업형태 중 저비용 고효율의 판매방식은 딜러제이며, 또 중고차 연계판매나 인터넷 마케팅으로도 속속 이루어지고 있어, 앞으로는 딜러체제가 중심이 될 것이다.

중고 자동차 거래

중고차의 수요는 소득수준의 차이에서 오는 부족한 재정 상태를 해결하려는 상대적 저소득층이 주요대상이고, 신차의 운전 미숙이나 사고위험에서 벗어나려는 대상이 있을 수 있다. 즉 신차가격이 비싸, 자금 부담을 느끼는 저소득계층은 중고차 구입요인으로 구입가격, 유지비 등을 중요시하고, 품위나 유행 등은 중요시하지 않는 경제성 위주의 구매동기가 크다.

중고차 이전등록건수는 2020년 378만대이지만 매매상사가 매입한 118만대를 **빼면** 실질적 이전등록대수(상속, 증여, 촉탁이전 포함)는 약 250만대로, 신차 판매대수 대비 약 1.4배에 불과한 수준이다. 미국의 중고차 판매대수는 신차 판매 대비 약 2.4배를 유지하고 있으며, 일본은 약 1.3배에 불과하다. 또한 우리나라의 중고차 수출도 연간 약 40만대를 넘고 있다. 중고차 거래에는 6,200여개 업체에 약 4만 명이 종사하고 시장 규모는 연간 약 25조~30조 원으로 추정된다.

중고차시장은 대표적으로 혼탁하고 낙후된 시장으로 소비자는 인식하고 있다. 따라서 소비자의 후생을 위하여 중고차판매 사업은 2019년 중소기업 적합업종에서 제외되었으나 다시 소상공인 생계형 적합업종으로 지정을 검토하면서 인증 중고차의 대기업의 진출허용을 두고 협의가 진행 중이다. 현재 완성차업계가 인증하는 중고차의 거래 대수를 10%까지 늘리는 데는 합의하고 중고차업계의 신차판매권 요구, 중고차 매입방식 등을 협의하고 있다. 인증 중고차는 성능 좋은 중고차를 점검한 뒤 2~3년 보증기간을 연장해 신차와 함께 판매한다. 인증중고차의 비중은 미국은 5%, 독일은 16% 수준이다.

거래유형은 크게 당사자 거래와 사업자 거래로 앞으로는 사업자 거래가 중심이 될 것이다. 당사자 거래는 개인들 사이에서 직접 거래되는 면식 거래와 개인끼리 거래정보를 교환할 수 있는 카센터, 신차 영업사원, 정비업체, 알선 거래업자, 인터넷 등을 통해 직접 당사자끼리 이루어지는 거래이다. 사업자 거래는 매입·매출을 전문으로 하는 사업자가 자기소유의 중고차를 공개된 판매 장소에서의 거래로 부가가치세가 부과되어 소비자 입장에서는 불리한 가격으로 구입하는 결과가 된다. 또한 거래업자의 '중고차 앱'에 약 5백여만 명이 가입하여 인터넷거래가 활성화되고 있다.

중고차 거래에 있어 우리나라와 선진국 간에 크게 틀린 것은 선진국은 신차를 취급하는 딜러 등이 중고차도 판매하고 있다는 것과 당사자 거래보다 사업자 거래가 규모 면에서 크다는 것이다. 일본에서는 신차를 판매할 때 고객이 사용하고 있는 중고차를 매매하여 대금의 일부로 거래하는 교환거래 방식(Trade-in)으로 신차판매의 약 70%가 이런 방식으로 거래되고 있어 신차 딜러나 세일즈맨은 반드시 중고차를 다루는 판매기술을 익혀야 한다.

한편 2019년 미국의 신차 판매대수는 1,706만 대인데 반해 중고차 판매대수는 4,081만 대로 연간 판매금액으로 8,406억 달러에 달한다. 신차의 파생시장이 아닌 자동차산업의 핵심시장으로 자리 잡고 있다. 미국에서는 완성차 브랜드가 신차와 중고차를 모두 판매하기 때문에 소비자들은 해당 브랜드 전시장을 가면 신차와 인증 중고차를 모두 구매할 수 있다. 인증 중고차는 일반적인 중고차보다 품질과 서비스 수준이 높기 때문에 중고차 구매의 리스크와 스트레스를 줄여 소비자들에게 인기가 높다. 우리나라도 중고차 고객을 위해 완성차업체가 중고차 거래 판매와 중고차 인증 제도를 허용하여야 할 때이다.

자동차 금융

자동차금융은 소비자가 자동차를 구입하는데 부족한 자금을 금융회사를 통하여 빌리는 것을 말한다. 즉 자동차 구입대금을 일정기간 동안 분할하여 상환하는 구조의 금융서비스를 말하며, 여신전문 금융회사가 주로 취급하는 오토할부, 오토리스, 오토론 등을 총칭한다. 거래의 실질을 고려하면 장기 차량 대여도 여기에 해당된다. 자동차 금융의 경우 자동차라는 담보가 있다. 자동차는 다른 내구재와 달리 2차 시장이 잘 형성되어 있다. 즉, 유사시 담보만 확보할 수 있으면 어느 정도 손해를 보전할 수 있다. 게다가 주택담보 대출에 비해 고수익 상품이기 때문에 은행들도 적극적으로 진출하고 있는 것이다.

자동차 금융 시장규모는 은행 판매까지 포함하면 50조원을 넘어섰을 것으로 추산된다. 그간 자동차 금융은 신용카드사, 캐피털사 등 여신 전문 업체만의 주 분야로 여겼지만 이제 은행들도 가세하면서 시장판도가 흔들리고 있다. 자동차 금융시장에서 탄탄한 내부거래 시장을 등에 업은 '현대캐피탈'이 약 70% 점유율로 압도적인 1위다.

7. 자동차 정비

자동차는 정비의 필요성과 A/S경험이 중요

자동차는 장기간 사용되는 기계제품으로 사용기간이 지남에 따라 마모과정을 겪게 되며, 정기적인 보수유지가 필요하고 경우에 따라서는 고장이나 충돌과 같은 사고에 의해 파손된 부분의 교환이나 수리가 필요하게 된다. 따라서 주행성능의 유지를 위한 애프터서비스나 제품보증이 필요하며 보수용 부품의 원활한 공급이 상당기간 이루어져야 한다. 특히 자동차는 생명과 재산에 막대한 영향을 미치는 안전성을 요구하므로 업체는 제품사용으로 인한 손해에 대한 배상책임(PL)을 질 수도 있게 되어 품질보증과 함께 정비보증이나 리콜까지도 철저히 해야 한다. 따라서 자동차 같은 고 관여 제품을 구매하고자 하는 사용자들은 여러 기업의 애프터서비스를 신중히 살핀다. 그들은 제품을 사용하는 동안 꾸준히 제품을 정비하며 기업과의 관계를 유지한다. 바로 애프터마켓이 다시 각광받는 이유는 사용자 경험이 모든 기업의 핵심 경쟁력이 되었기 때문이다.

애프터마켓이 중요한 이유는 사용자 경험이 기업의 핵심 경쟁력이 되었기 때문이다. 특히 자동차 메이커의 기술과 품질 수준이 평준화되어 가고 있는 상황에서 A/S기사의 친절도와 신뢰성, 서비스의 신속성, A/S 기술 수준과 정비 수리의 정확성, 접근하기 편리한 서비스망과 청결도, 저렴한 서비스 가격과 부품구입 가격, 정비 예약제, 정비보증제, 무상점검 캠페인, 수리 후 해피콜 등의 애프터서비스 활동의 중요성이 커지고 있다.

정비업은 다양한 영역과 고숙련 수작업 중심 업종

자동차 정비업은 수리라는 정비를 중심으로 선팅, 광택, 외형복원, 타이어, 휠, 내비게이션, 블랙박스, 카오디오, 각종 튜닝, 세차, 방음, 방청, 배터리, 액세서리, 자동차유리, 카시트 등 다양한 영역에서 업체가 존재한다. 특히 자동차 외형복원(외장관리) 업체는 자동차 흠집제거, 범퍼복원, 덴트, 특수 광택, 유리막 코팅, 언더코팅, 실내 클리닝, 열 차단 선팅, 항균 연막소독 외에 경미한 부분도장을 하기위해 수반되는 경미한 판금도 하고 있어, 수천 업체가 불법으로 운영되고 있다. 이는 소비자 입장에서는 비용과 시간이 크게 절약되어 보험이 아닌 경미한 사고로 부분도장을 해야 하는 차량 소비자가 주로 찾고 있는 실정이다.

자동차 정비업은 수리 자동차의 차종과 메이커에 따라 시설이 다양하며, 작업 방법과 정비·진단 등을 표준화하기가 어려우며, 작업의 일관성이 보장되지 않아 수작업에 의존하는 경우가 많은 특징이 있다. 이 업종은 특성 상 일정 부지를 확보해야 하며 다양한 시설을 갖추어야 하므로 초기의 투자비용이 상대적으로 높으며, 고난도 기술을 보유한 숙련공을 확보해야 한다는 어려움이 있다.

정비업 형태와 네트워크의 다양화

자동차 정비업의 형태는 메이커 직영 서비스센터, 제휴 정비업체, 비 제휴 일반 정비업체로 나누어진다. 또한 작업범위와 규모에서도 1,2,3급 및 원동기정비의 4가지형태로 3만여 업체가 있고 또한 자동차정비업이 허가제에서 등록제로 전환되어 자율경쟁시대로 접어들면서 업체 간 경쟁이 과다하여 신규 진입 및 퇴출이 빈번하게 발생하고 있다. 2020년말 기준 국내 자동차 정비업체 수는 종합정비업체(1급)4,319개, 소형정비업체(2급) 2,174개, 전문정비업체(3급) 29,463개가 있다. 국내 정비업체의 수는 허가제에서 등록제로 전환되면서 급격히 증가하여 과당 경쟁의 상황이 되었다. 적정 업체수를 선진국과 같은 1개 업소 당 보유대수 5백대 수준으로 본다면 약 2만개가 적정할 것이다. 자동차 정비업체는 크게 △국내 자동차 및 수입차 메이커의 네트워크(직영, 지정) △정유업 계열의 네트워크(오토오아시스, 스피드 메이트, 오일뱅크플러스) △손해보험사 계열의 네트워크(삼성 애니카, 동부 프로미, 현대 하이카프라자 등) △타이어업 계열 네트워크(T-스테이션, 타이어뱅크) △독립 정비업계의 네트워크(카포스, 카젠, 보쉬 등) △비 네트워크 등 7가지 형태이다.

수리비와 공임

일반적으로 보험수리비는 직접수리비(부품대+공임)+임시수리비(견인에 필요한 가수리비)+인양/견인비를 포함한다. 여기서 보험수리 공임은 기술적 요소인 표준작업시간과 사회적, 경제적 요소인 공임율을 곱하여 산출한 금액을 말한다. 이 수리공임의 종류에는 탈착·교환작업 공임, 판금작업 공임, 도장료(재료비+도장공임+가열 건조비)가 있다

공임은 '자동차손해배상보장법'에 따라 공표하는 '자동차수리 표준작업시간표'를 기준으로 보험금을 산정하기도 하고 손해보험사와 협의한 약정 공임을 기준으로 지급하기도 한다. 또 일반 수리공임은 법에 따라 정비업체가 정비내역별로 스스로 산정하여 고객에게 사업장 내에 게시 또는 인터넷에 공개하도록 하였다. 한편 공임은 노동자의 시간당 임금으로 그 바탕이 기술자의 노무비(기술료)를

말한다. 시간당 정비공임은 해당업소의 연간 총비용을 총 작업시간으로 나눈 것이다. 따라서 공임은 업소마다 다를 수 있다. 대부분 자동차업체나 보험사는 표준공임을 제시하고 있다. 개별 정비업체가 이익을 내려면 비용을 경쟁사보다 줄이거나, 가동률을 높이거나 표준작업(정비)시간보다 작업시간을 단축하여야 한다.

정비기술의 진화

정비기술은 업체와 인력에 따라 그 수준과 진단방법이 다양하고 혼재한다. 완성차업체의 직영과 지정 정비가 가장 앞선 기술과 장비로 시장을 선도하고 있으나, 기술보급 속도가 빨라 큰 차이가 없다. 진단방법으로 4단계로 구분하면, △1차원 정비가 육안으로 보는 정비, △2차원 정비는 소리를 듣고 고치는 정비, △3차원 정비는 데이터 정비이다. 의사가 문진을 시작으로 각종검사를 통해 얻은 데이터 수치로 병명과 치료 방법을 알 듯, 자동차 또한 모든 장치가 컴퓨터로 연결되어 스캐너를 통해 데이터를 주고받으며 진단하는 방법이 3차원 정비라 할 수 있다. 앞으로 전개될 △4차원 정비는 시스템 정비로, 시스템의 상태를 파악, 고장 나기 전 미리 진단된 정보가 스마트폰 같은 통신으로 전달되어 사전정비까지 할 수 있는 방법이다.

정비 자격시험과 정비 인력의 양성

자동차 정비 분야의 국가기능자격시험은 자동차정비기능장, 자동차정비산업기사, 자동차정비기능사, 자동차보수도장산업기사, 자동차보수도장기능사, 자동차차체수리 산업기사, 자동차차체수리기능사의 총 7개 종목으로 재편되고 필요한 시험(필기, 실기)에 합격하여야 한다.

한편 자동차 정비 및 생산 기능 인력의 주요 배출 교육기관인 2년제 또는 3년제 대학은 기능대학(한국폴리텍 7개)을 포함 전국에 약 67개 대학교에 자동차과, 자동차서비스과, 자동차튜닝과, 자동차 스포츠학과 등의 학과명으로 개설되어 5천여 명이 재학하고, 매년 2~3천여 명을 배출하고 있어 단일학과 전공으로는 매우 큰 인력규모를 가지고 있다. 또한 전문계 고등학교(전국 91개교)의 자동차과도 매년 약 4천명의 졸업생을 배출하고 있으며, 전국 공공 직업전문학교(19개), 자동차기업의 사업 내 직업전문학교(10여개), 고용노동부 인정직업전문학교(50여개), 자동차 정비학원(60여개)에서도 자동차정비 전문 인력을 양성하여 배출하고 있다.

자동차 튜닝

튜닝이란 운전자가 자신의 개인적 취향과 목적에 맞게 차량의 성능과 내·외관을 개선하는 것을 말한다. 그러나 국내에서 튜닝은 '보여주기, 자랑하기' 튜닝으로 변질되었기 때문에 바라보는 시선 또한 곱지 못하고, 대부분의 튜너들을 범법자로 보는 경향이 많다. 합법적으로 자신의 개성을 표출할 수 있는 튜닝은 자동차문화의 가치도 올리고, 제조사는 고부가가치 튜닝부품을 판매해 고수익을 거둘 수 있으며, 판매사는 부품 장착이나 유통을 통해 수익을 창출할 수 있어야 한다.

튜닝의 종류로는 다음 3가지로 크게 분류한다. △빌드업 튜닝 (Build Up Tuning) : 푸드카, 냉장·냉동탑차, 소방차와 구급차, 청소차 등과 같이 일반 승합차나 화물차 등을 이용하여 자동차의 사용 목적에 따라 적재장치 및 승차장치의 구조를 변경하는 튜닝을 빌드업 튜닝이라고 한다. △튠업 튜닝(Tune Up Tuning): 자동차의 성능향상을 목적으로 하는 튜닝으로 엔진이나 섀시의 파워업(Power-up)이나 성능향상이나 쇽업소버나 소음기, 브레이크디스크 등을 변경하는 것을 튠업 튜닝이라 한다. △드레스업 튜닝(Dress Up Tuning) : 개인의 취향에 맞게 자동차를 꾸미는 것으로 외관을 변경하거나 도장을 하거나 부착물을 추가하는 튜닝을 말한다. 음향기기 장착, 타이어나 휠 교환도 여기에 속한다.

◀ 메르세데스-벤츠 AMG GT 모델, 한 명의 엔지니어가 하나의 엔진을 모두 조립하는 '원 맨 원 엔진'의 원칙을 여전히 고수하고 있다. 벤츠 AMG 코리아는 2020년 4,391대를 판매하였다.

세계 A/S시장 규모는 약 360조 원인데 이중 튜닝이 110조 원으로 약30%를 차지하고 있는 것으로 알려져 있다. 국내 튜닝시장은 5천억 원 규모로 너무나도 협소하다. 튜닝이 활성화된 국가는 대부분 자동차 생산 강국이다. 튜닝에서 얻어진 기술을 자동차에 접목시켜 신개념의 설계, 조립생산, 정비기술로 연계시키기 때문이다. 독일의 AMG(벤츠), TRD(도요타) 등은 자동차 메이커의 자회사 형태로 운영되면서 튜닝기술을 확보하고 있는 대표적인 기업들이라 볼 수 있다.

모빌리티 혁명과 자동차산업

초판 인쇄 | 2022년 1월 5일
초판 발행 | 2022년 1월 10일

지 은 이 | 안병하
발 행 인 | 김길현
발 행 처 | ㈜골든벨
등   록 | 제1987—000018호   ⓒ 2022 GoldenBell Corp.
I S B N | 979-11-5806-545-4
가   격 | 15,000원

이 책을 만든 사람들
편집·디자인 | 조경미, 김선아, 남동우   **제 작 진 행** | 최병석
웹매니지먼트 | 안재명, 김경희   **오프마케팅** | 우병춘, 이대권, 이강연
공 급 관 리 | 오민석, 정복순, 김봉식   **회 계 관 리** | 최수희, 김경아

㉿04316 서울특별시 용산구 원효로 245[원효로1가] 골든벨 빌딩 5~6F
● TEL : 도서 주문 및 발송 02-713-4135 / 회계 경리 02-713-4137
          내용 관련 문의 02-713-7452 / 해외 오퍼 및 광고 02-713-7453
● FAX : 02-718-5510   ● http : // www.gbbook.co.kr   ● E-mail : 7134135@naver.com